1、はじめに・・・
自然観察会は人間的な営みです

　現代人の日常生活はコンピューターやスマホをはじめ様々な便利な電化製品に囲まれていますが、その仕組みは何一つわからないブラックボックスです。その使い方を憶えるだけで、それらを観察していて何かを発見するなどと言うことはありません。使い方を発見するかもしれないが、自然観察会のような自然の仕組みそのものを発見するようなことはありません。

　自然観察は実に人間的な行為だと思います。四季折々の草や木や花や鳥を愛で、何度もそれらに直接、接して、こんなふうに自然は出来ているのかと、感心し自分なりの発見をしていく行為は決して廃れることのない人間に本来そなわったものだと思われます。洋の東西を問わず人はどうしてもそのような自然を愛で、自然に問う行動をとってしまいます。現代人にとって自然に触れ、自然を観察する行為は人間性回復の高級な趣味ともいえます。

　また、都市公園と言う狭い範囲からはじまった自然への関心も無限の広がりと深みへ発展していきます。

　森林インストラクターは自然界のインタープリターとして、その発見のお手伝いをする位置にいます。

都市公園であなたの自然観察会を組み立ててみましょう

　この小冊子は遠い野山ではなく、都市公園をフィールドにし、○○自然塾のような自然観察会の組織をたちあげ、維持運営し、新しい森林インストラクターを育て、そしてまた別に新たな観察会を独立させていく例が書かれています。

　ここに書かれているさまざまな例があなたご自身が森林インストラクターとして独立するお役にたてれば幸いです。

　特に最後の第6章の資料はバラバラに切り離してマスプリントして使えば、すぐに役に立つと思います。

第1章

なぜ都市公園で都市住民対象の自然観察会なのか

自然観察にはいろいろなものがあります。植物、動物、野鳥、昆虫、魚類、きのこ、岩石や地形などです。

この小冊子では植物関係のみをあつかっています。

私の主宰している（２０１８年１月現在）、都市公園での自然塾では次のようなコンセプトでやっています。

> 遠い野山へ一日かけて出かけて行かなくても、近くの都市公園で見て、触って、嗅いで、五感を働かせて観察してみると自分なりの新たな発見があります。またたとえ限られた都市公園でも自然に親しみ、癒され、楽しむ四季の移ろいのなかで定点観察を続けるとその変化の中に自分なりの新たな発見があります。
>
> それらの自然のしくみや、循環を知ることは自然環境保全などの基礎力になります。
>
> その発見のお手伝いをするのが森林インストラクターです。

近くの都市公園で自然観察会を組み立てることの長所を整理してみます。

もちろん遠い野山へは行かなくて良い、などと言っているわけではありません。

（１）都市公園はなによりも、近くて、手軽で気楽な観察会が組み立てられます

いそがしい現代人には、一日潰して野山へ出かけていくことは、次の日をゆとりのないものにしてしまいます。都市公園での午前半日、２時間半ほどの観察会は残りの半日を自分なりに有効につかえて、負担になりません。都市公園ならではの観察会になります。

都市公園はいわゆる自然が少ないので自然観察会は貧弱なものになるのではないかと思うかもしれませんが、組み立て方によっては奥の深いものになります。都市公園にはどのような植物があるかは第３章にあげてあります。それをざっとながめて、森林インストラクターとしてどのような観察会が組み立てられるか、想像してみてください。

（都市公園であれば真冬でも観察会は気軽に組み立てられれる）

都市公園には都市住民が気楽にいくことができます。登山するような恰好ではなくアーバンライフの続きとして、気楽に参加

できます。寒い真冬でも都市公園では観察会はできます。都市住民には気軽に、散歩や気晴らしのように出かけられます。

・・・真冬もOK

写真にあるように、重いカメラ、双眼鏡、双眼実態顕微鏡や大きな図鑑もカートで持ち運ぶことができます。さらに特殊なものとしてはツルグレン装置（土壌中の微小動物を調べる装置）まで持ち運べます。これらのものは野山の山道では持ち運びできません。大きな図鑑は本来、観察会中には持ち運びしないものですが、都市公園ではできます。写真のようにかなり大きなものが運べます。

重い大きなものまで持ち運びができると

いうことは、観察内容に広がりができます。ルーペではわかりにくいことも双眼実態顕微鏡ではかなり細部までみることができます。土壌中に棲む奇妙な微小動物をその場で観察できるという拡がりがあります。

・・・なんでも持ち運びできる

また、都市公園での午前中2時間半という観察会が「近くて、手軽で、気楽な観察会」を形作っています。2時間半という短さが都市住民への観察会を長続きさせる秘訣でもあります。・・・短時間はよいことだ

さらに住宅地に近い都市公園ですから、車イスの人も参加できます。車イスで遠い野山の山道を移動することはできませんが、舗装してある公園内の道は車いすで自走することができます。介護者がいてもいなくても参加できます。都市公園ならではです。

・・・車イスでも参加できる

日本中どこでもそうですが、観察会などの参加者は圧倒的に高齢者が多くなっています。また都市公園と言えども自然観察会ですからスズメバチやマムシなどとの遭遇や熱中症もありえます。

このような時には一刻も早く救急車を呼ばなければなりませんが、都市公園では公園の中まで救急車が入ってこれます。遠い

野山の山道では救急車は入ってこれません。

小さい任意団体の「〇〇自然塾」で事故が起これればその団体は潰れます。潰れるのはかまわないとしても、人身事故で取り返しのつかないことになることは絶対に避けなければなりません。

・・・**緊急対応がとりやすい**

最後に、観察会の集合場所である都市公園には十分なスペースの駐車場があります。そして公園内にはトイレがあります。遠い野山へ出かけるとトイレの設備がなくて難儀することがあります。これらは観察会を成功させる必須条件です。このような観察会の内容ではなく観察会をとりまく外的条件でも都市公園は有利にできています。

・・・**トイレも駐車場もあります。**

（２）**都市公園では座学を組むことができる。**(テーマごとにまとまった事柄を学習できます。)

都市公園は公園内に会議室や集会室、研修室を持っていることが多いです。

奈良県立馬見丘陵公園では公園館の２階に５０〜６０人収容の研修室があります。使用料がいりますが、ここで森林インストラクターが講師になって、インストラクターそれぞれの専門、得意分野、のテーマを用意して、朝一番に座学を３０分間だけ行います。

その後に参加者は各班に分かれて公園内の観察会にでかけることになります。

座学を設けたのは

やはり①都市公園は見慣れた観察対象になってマンネリ化に陥りやすいので、座学を組み入れて現在の公園だけの植物相とは違う視点で自然全体をとらえなおす、という観点からです。

また②森林インストラクターの個性は多様です。専門、関心、得意分野はそれぞれ多岐にわたって違っています。それぞれに参加者に話したい内容は全く違います。

公園内の観察会では森林インストラクターは同じような植物について同じように喋ることになりがちですので、多様な個性の集まりであるインストラクターの話を広く参加者に知ってもらうには座学を組み入れることが一番いい方法だと思っています。森林インストラクターも自分の専門を喋ることができて、すこし自己満足できます。

③また観察会中にバラバラに得た知識が座学によって、系統的に整理されるよい機会でもあります。

いままでのテーマをここに列挙しておきます。内容が多岐にわたるのは森林インストラクターの個性の多様性をあらわしています。

> 植物観察の基礎、花と葉のふしぎ、秋の果実と紅葉のしくみ、生物の冬のすごしかた、森林の生態学、照葉樹林文化論、春の七草、里山をよむ、里山の現在・過去・未来、植物と文化、奈良県の林業、冬鳥の観察、冬の里山と植生の遷移、分けることは

> わかること、木質バイオマス、花とは何か、早春の草花、植物の進化の歴史、シーボルトと日本の植物、植物観察オリエンテーリング、万葉集に詠われた植物を探そう、公園内薬用植物、食べられる救荒植物

　これらのテーマは観察会当日、資料として使うこともありますが、まったく当日の観察会と関係ないものもあります。いつか役に立てばよいということです。

（3）都市公園では系統的な観察会が組み立てられる。

　遠い野山を一日かけて歩き回る観察会の場合は、見たこともない珍しい植物種が次々あらわれます。同一種でもヤマ○○、ヤマジノ○○、ミヤマ○○などと際限なく似た種もあらわれます。日曜観察会に参加する都市住民にとっては混乱と疲労が重なってしまったりします。

　公園内の限られた観察種をゆっくり、五感をつかって、見て、触って、嗅いで、自分なりの発見をしていくと植物についての系統的な蓄積をしていくことができます。そうすることによって知らなかった植物に出会った時「これは△△科ではないか」、などと推測する力もついてきます。

　例えば、P9にある、「ありふれた植物で観察会を組み立てるの」例で説明してあるようにトウダイグサ科全体の仕組みに気がついていきます。

　また、公園内のどこにでもある植物から、奈良県での長い歴史を持つ漢方薬、民間薬の観察会という系統的なものに発展できます。（p38資料、「公園内の薬用植物」）

　違う例では（P40資料「万葉集に詠われた植物」）なども、個々の植物観察から系統的に奈良県特有のテーマを追及しているとことになると思います。

　ここで、観察会への参加を都市住民とことわっているのは農山村部のひとは植物観察会にさそっても、植物の事なら自分の方がよく知っている、と言って参加してきません。普段、自然のなかにいるからといって、自然をよく理解しているかは疑問ですが、とにかく植物観察会などというものには参加してきません。私が「参加費２００円」と言った時にはふきだした人もいました。「なぜどこにでもあって、よく知っているものをお金を出して見に行かなければならないのだ。」と言うことなのでしょう。農山村部では自然観察会は成功しにくいと思ったほうがいいでしょう。いくら説得しても参加してきません。時間の無駄と思ったほうがいいかもしれません。自然観察会は都市住民か、都市へ働きに出ている新興住宅地の住民に焦点を合わすべきでしょう。このことは農山村部の人を見下しているのではありません。私自身、葛城市の二上山の麓の田舎に住んでいますので、自然観察会に否定的な感情はよくわかります。

　ただし、後で述べるように、小学校校庭での４５分間の自然観察会は都市住民の住む学校でも、農山間部の学校でも成り立ちます。

（4）拡大して、都市での自然観察会

　この小冊子の本論である「都市公園での自然観察会」という限定した見方から「都市での自然観察会」という広がりで見てみ

るとさまざまな観察会がさらに組み立てられます。

　ここでは
①奈良公園内にある春日大社の万葉植物園で「万葉集に詠われた植物の観察会」
②大学教授の案内する「奈良盆地東縁断層の痕跡、観察会」
③留学生に春日山原始林を案内する
　の3つの例を説明します。

①万葉集に詠われた植物、観察会

　奈良公園内に昭和7年に春日大社が開園した万葉植物園があります。
この万葉植物園は都市公園という規定には入りませんが、ほぼ都市公園として観察会を組み立てることができます。万葉集と言う文学を森林インストラクターが説明する必要はありません（むしろそんなことはやってはいけません）。口語訳だけでも十分です。万葉集に詠われている植物が実際に植えられていますので、その植物について解説したらいいのです。万葉人の生活や考え方が植物をとおしてわかります。そのための資料は必要です。その資料が「万葉集に詠われた植物」です。

　遠い野山ではなく都市でのみ可能な観察会になります。

　資料は6章のp40「万葉集に詠われた植物」参照、資料の使い方はp25。

②奈良盆地東縁断層の痕跡、観察会

　奈良盆地の東側に京都から延びる奈良盆地東縁断層という断層があります。奈良盆地と奈良公園との境にあります。これは奈良市民にとってとても関心のある断層です。このような事柄は大学の専門の先生に聴かなくてはなりません。奈良女子大学の高田先生と相談して「奈良盆地東縁断層の痕跡、観察会」を奈良自然塾として組みたて、広報に宣伝しなくてもたくさんの市民（40名）が参加してくれました。

　これは都市公園を対象にした観察会ではありませんでしたが、「都市での自然観察会」と言うことになります。ここの資料は参加呼びかけのチラシくらいしかありませんので省略してあります。

③　「留学生に春日山原始林を案内する

　次ページにあるように、森林インストラクターである私が、奈良教育大学の留学生に春日山原始林を案内した例があげてあります。

　アジアにはネパールから日本列島南西部まで連なる大照葉樹林帯があります。その東端が春日山原始林と言えます。それらの出身国の留学生に春日山原始林を案内した例です。

　大学は都市部にあります。都市部に在住している留学生に照葉樹林の極相林である春日山原始林を案内するには奈良の森林インストラクターは最適な立場にいます。

奈良教育大学国際交流留学センター・学生支援課
International Friendship Event　国際交流イベント

アジアに連なる照葉樹林帯（しょうようじゅりんたい）の東端
春日山原始林（かすがやまげんしりん）の入り口へ案内します

講師：　　　　（森林インストラクター）岩下洋一様
日時：2017年6月7日13:30〜15:30　雨が降ってもやります
集合場所：奈良県庁前
対象：奈良教育大学に所属する留学生、日本人学生
持ち物：筆記具、100円（団体傷害保険等）、帽子、雨の場合傘

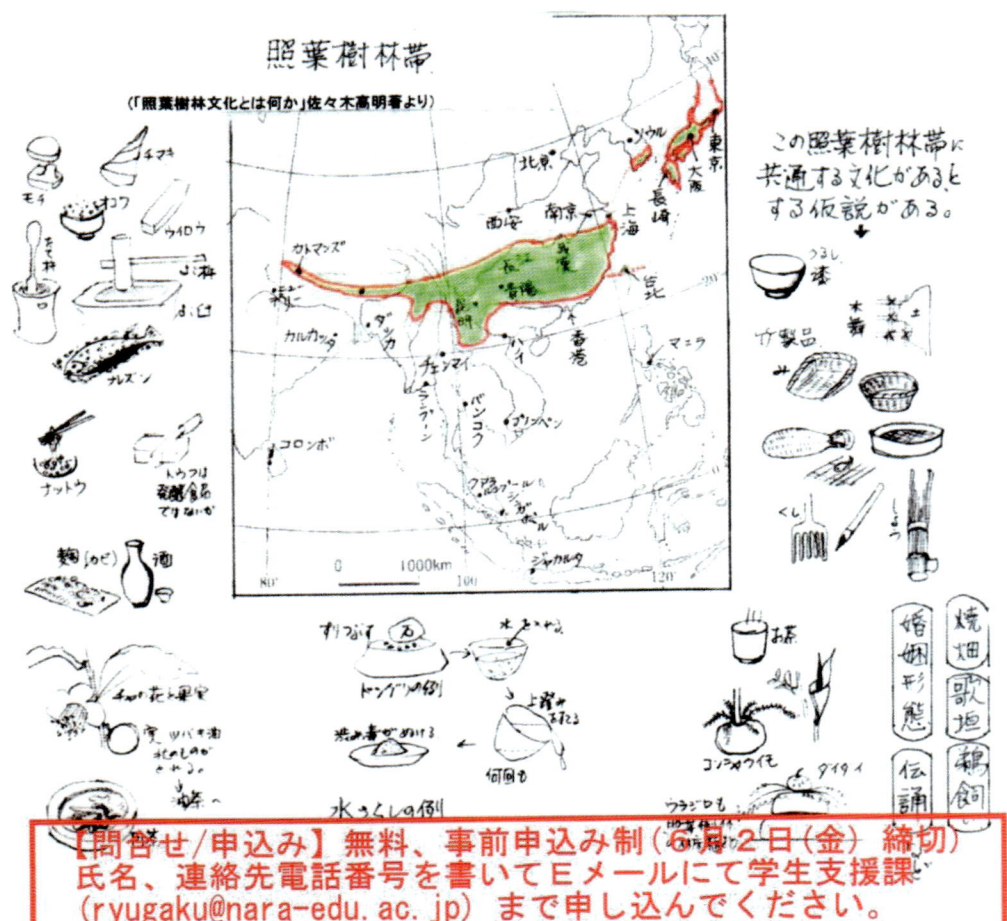

【問合せ/申込み】無料、事前申込み制（6月2日（金）締切）
氏名、連絡先電話番号を書いてEメールにて学生支援課
(ryugaku@nara-edu.ac.jp) まで申し込んでください。

（5）都市公園での観察会の短所

　今まで都市公園での観察会の優れた点を書いてきましたが、当然のことながら短所もあります。

　都市公園観察会は長い年月に同一場所・同一植物を対象にしていますのでマンネリ化してくるのは否めません。

　春夏秋冬さまざまに工夫して角度を変え、切り口を変えて観察会を組み立てていかなければなりません。

　同一場所で観察をしても、「救荒植物を探してみよう」や「奈良県内の薬用植物を探そう」や「万葉に詠われた植物観察会」など４つも切り口をかえるということもしますが、自然の野山が自然に出来上がる植物遷移や地域特有の極相林に触れたり、鎮守の森のような数百年単位の時間経過のなかで成立してきた自然には触れにくいのは事実です。

　また、最近の地球温暖化による集中豪雨、洪水災害なども森林の持つ水源涵養機能・多面的機能などは都市住民も関心のある事柄ですが取り入れにくいです。

　都市公園の植生についてですが、都市公園は市民の憩いの場でもありますので、公園事務所としては園芸種の草花を植栽することが多くなります。また、その時代のはやりの樹木だけを植える傾向もあります。これらの植物では自然観察会としては単調になる傾向があります。

　また都市公園は自然界と違って「何だこれは？」と言うようなハプニングは少ないものになります。自然観察会にハプニングは付き物ですが、これが少ないのは残念なところです。

　これらの短所を補うために、年２回ほど近くの野山へ公園外観察会と言う形で弁当を持った一日のハイキングを組み立てています。幸い近くの山で火を使える場所が見つかりましたので、春の野山の観察会と山菜とりを組み合わせて、山菜のテンプラの試食会をすることができました。また秋に縄文クッキー（ドングリクッキー）の試食会などもできました。

　都市公園は火気厳禁で絶対に火を使うことはできません。
しかし頻繁に火を使える場所はありません。

　心構えとして、何よりも野山の自然は圧倒的に多様ですので、このことは森林インストラクターは心にとめて、謙虚に多様な野山での研修を積むべきだと考えます。大学の先生などの主催する別の観察会に参加して、別の場所で力をつけなければなりません。

（観察会と山菜のテンプラ試食会。ヨモギ、タラの芽、イタドリ、クズの芽、コシアブラ、ニセアカシアの花、タケノコ、など自分で採取したものを食べてみる。都市公園は火気厳禁なので、このような楽しみはできない。）

第2章 ありふれた植物で自然観察会を組み立てる

見慣れたアカメガシワから様々な観察会への発展例（前半）

トウダイグサ科には**雌雄異株**、または**雌雄異花**のものが多い。

他のトウダイグサ科の花を観察すると、その特異性に気がつく。この花もガクも花弁もない。いきなり子房が露出している。

双子葉類でありながら、**3数性**を示す。これも珍しい。

→発展、資料「科に慣れる」へ

学名は意味が解らなくても調べて書いておく。後でわかってくる。

「目」、「科」、「属」、「種」くらいまで。

→発展、資料「科に慣れる」へ

学名の **Thunb.** は江戸時代に長崎の出島へ来ていたツンベルクのこと。

シーボルト同様たくさんの日本の植物をヨーロッパへ紹介している。**→シーボルトは植物学者としてもおもしろい。しらべてみたらよい。「シーボルトと日本の植物」へ。**

春の新芽にはアカメガシワに限らず赤くなるものが多い。有害な紫外線から身を守るという説明がされているが、十分に納得できるものではない。

夏になると、葉を覆っていた赤い毛（ルーペ必要）が落ちて、緑色になる。このことを万葉人は良く見ていて、心変わりの例として詠っている。

→発展、資料、「万葉に詠われた植物」

見慣れたアカメガシワからの様々な観察会への発展例（後半）

オオバベニガシワ（オオバアカメガシワ）という園芸種があって、春の葉は全部派手に赤紅色である。

葉を観察しているとアカメガシワの仲間であることが自然にわかってくる。

→園芸種が推測できたりする。

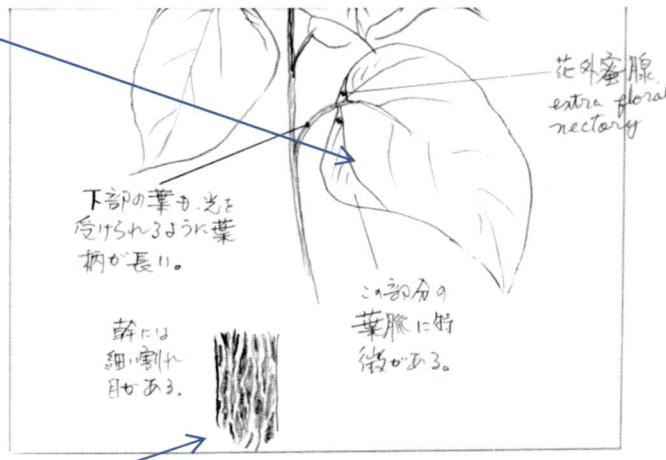

規則性不明

花外蜜腺
→花以外に蜜腺を身につけた。他の植物も観察してみる。
（サクラ、イタドリ、ホウセンカ、フヨウ、ソクズ、アブラギリなど）

樹皮は胃潰瘍、十二指腸潰瘍の生薬として使われている（ベルゲニン）。
奈良県での歴史ある薬業につなげる。
→発展、資料「公園で見られる薬用植物」

→通常の観察会で取り上げても、トウダイグサ科は興味が尽きない。

トウダイグサ、ポインセチア、ショウジョウソウ、ナンキンハゼ、アブラギリ、ハツユキソウ、キャッサバなど観察して納得するのに時間のかかる植物である。

世界一危険な植物と言われているマンチニールもこの科。

アカメガシワは典型的な**パイオニアプランツ**で光が当たるところが好き。沖縄のものは常緑で亜熱帯から温帯へ落葉を身につけて適応してきた。

埋土種子は８０年生きると言われている。放置された二次林のようなところでもかなりの大木になって生きている。

第3章　都市公園でどのような植物が観察できるか、馬見丘陵公園での例

都市公園での限られた植物リストの例

　ざっと目をとうしてみて、これだけあれば多様な観察会が長時間組み立てられることに気がつくと思います。

（詳しく調べるともっとたくさんあると思います。またここでの分類は観察会上の便宜的なものです。）

シダ類　　　シシガシラ、コシダ、イノモトソウ、カニクサ
　　　　　　公園は整備されているところが多いので、シダ類は以外に少ない。
裸子植物　　世界中で７００〜１０００種ほどしかない。ほとんどが植栽されたもの。
　　　　　　イチョウ、ナギ、ソテツ？
　針葉樹（球果類）
　　　　　　メタセコイア、ラクウショウ、センペルセコイア、モミ
　　　　　　スギ、ヒノキ、サワラ、アカマツ、クロマツ、テーダマツ、アスナロ、カヤ、ネズミサシ、
　　　　　　ドイツトウヒ、コノテガシワ、ゴールデンクレスト、アリゾナイトスギ、レイランディー、
　　　　　　ニオイヒバ、

被子植物　　世界中で２４〜３０万種あると言われている。
　木本類　　┌常緑広葉樹・・・ほとんどが照葉樹林を形成する樹木
　　　　　　└落葉広葉樹・・・ほとんど関西地方で雑木林を形成する樹木

　　ツバキ科　　　ツバキ、サザンカ、チャ
　　モチノキ科　　クロガネモチ、カナメモチ、ナナミノキ、イヌツゲ、ネズミモチ、トウネズミモチ
　　　　　　　　　ソヨゴ
　　ブナ科
　　　　　　コナラ属　┌コナラ亜属（ナラ類、楢）・・・コナラ、クヌギ、アベマキ、ナラガシワ、
　　　　　　　　　　　└アカガシ亜属（カシ類、樫）・・・アラカシ、シラカシ
　　　　　　シイノキ属　　スダジイ、コジイ
　　　　　　マテバシイ属　マテバシイ、（シリブカガシは無い）
　　　　　　クリ属　　クリ
　　モクレン科　常緑：タイサンボク、オガタマノキ、
　　　　　　　　落葉：シモクレン、モクレン、コブシ、ホオノキ（ホオガシワ）、ユリノキ
　　ミズキ科　　ミズキ、ヤマボウシ、アメリカハナミズキ、サンシュユ、
　　クワ科　　　クワ、コウゾ、オオイタビ（フィカス・プミラ）
　　キョウチクトウ科　　キョウチクトウ、テイカカズラ
　　モクセイ科　　ヒイラギ、キンモクセイ、ギンモクセイ、ウスギモクセイ

グミ科	ナワシログミ、アキグミ、マルバグミ
ニレ科	アキニレ、ケヤキ
アサ科	エノキ、ムクノキ・・・以前はニレ科だった。
ツツジ科	ツツジ、サツキ、シャシャンボ
マメ科	アメリカデイゴ、ネム、クズ
アオイ科	ムクゲ、スイフヨウ、ハイビスカス

アジサイ科（ユキノシタ科からアジサイ科へ）ガクアジサイ、アジサイ、
　　　　　　セイヨウアジサイ、ヤマアジサイ、シチダンカ

つる性　　　キズタ、オオイタビ、テイカカズラ、ノブドウ、アケビ、クズ
　　　　　　トケイソウ、ヘクソカズラ、サネカズラ、セイヨウキズタ（ヘデラ）、

春先に咲く花
　　・早春の風媒花　・・・カツラ、ハンノキ
　　・サンシュユ、レンギョウ、ユキヤナギ、ボケ、ソメイヨシノ、マンサク、
　　　カンヒザクラ、ウメ、モチツツジ、ミツバツツジ、ヤブデマリ

その他・・・ここでは分類していないが、おもな「科」で分類分けをしたらよい→資料「科に慣れる」
　　　　アカメガシワ、キリ、アズサ、エゴ、キササゲ、
　　　　カキ、トチノキ、ベニバナトチノキ、ハンカチノキ、ナンジャモンジャ、
　　　　カツラ、ヤマブキ、シロヤマブキ、ツリバナ、イヌコリヤナギ、
　　　　ノリウツギ、（シチダンカ？）カマツカ、シャリンバイ、アオキ、トベラ、
　　　　クチナシ、コクチナ、アカシデ、イヌシデ、ヤブデマリ、チャンチン

草本類
　　春　　　　タンポポ、トウバナ、オオバコ、カラスノエンドウ、スズメノエンドウ、
　　　　　　　カスマグサ、クサフジ
　　春の七草　セリ（園外）、ナズナ、ハハコグサ、ハコベ、ホトケノザ（園外）、カブ（園外）、
　　　　　　　ダイコン（園外）

　　秋　　　　ヒガンバナ、ミソハギ
　　秋の七草　ハギ、ススキ、クズ、（ナデシコ）、オミナエシ、フジバカマ、（キキョウ）

　　園芸種　　クリスマスローズ、菖蒲園のアイリス類多数、花壇に植栽されたその他多数
　　シソ科　　ハーブ類、タイム、セージなど多数
　　つる類　　ヤブカラシ、ヤマノイモ

　　その他　　リュウノヒゲ、ヤツシロラン、
　　　　　　　タケを含むイネ科の雑草多数

第4章 都市公園での自然観察会の組み立て方

（1）森林インストラクターの仕事の作り方

　この章は新しく都市公園で自然観察会を始める森林インストラクターにとって参考になることなので、すこし詳しく説明します。

　森林インストラクターの試験に受かっても、すぐに仕事があるわけではありません。私はこの試験に受かったらすぐに国や県、地方自治体、役場などからたくさんの観察会などの仕事が舞い込んで来ると思っていました。

　いくら待っても来ません。県の森林インストラクター会にも入会しましたが、依然として仕事はありません。中央の森林インストラクター会も仕事を斡旋するわけではありません。あの小難しい試験は何だったのだ。こんな資格何の役にもたたないではないか。先に受かった森林インストラクターを見ても仕事をしている様子はありません。

　試験に受かったら、森林インストラクターになるのではない。受かった後、人様の前に立って森林インストラクターの仕事をつうじて森林インストラクターになっていくのであって、仕事をしなければ森林インストラクターとしての実感も自信も湧いてきません。

　森林インストラクターの仕事がないなら、自分で作るしかありません。野山へ一日がかりで出かけていくハイキングのような自然観察会を考えましたが、どこへどう宣伝をしたら参加者が集まるのか、途方にくれるばかりでした。

　県立馬見丘陵公園というかなり大きな都市公園が県の中央部にあります。この都市公園で都市住民を対象に2時間ほどの短時間の観察会を組み立てることを考えました。公園の事務所へ行って、「自分は森林インストラクターで自然観察会をこの公園内でやりたいので（自分で作った）このビラを園内で撒かせてほしい」と申し出ました。「公園内でのビラ撒きは一切禁止」と断られました。公園側も森林インストラクターというものはどこの馬の骨かわからないという感じでした。

　らちがあかない長い期間がありましたが、数年を経て、あるとき「あなたのような森林インストラクターはたとえばどんな活動をしているのですか。」と聞いてきたので、大阪府警の互助組合員に森林浴と植物観察会をやった例を写真入りで説明しました。この例は私の試験合格後にあったきわめてわずかな仕事ひとつでした。学校、警察など公的機関で自然観察会などをしたことがあることを示すと、主催者側は信用してくれる傾向はあります。自分の活動の経過を示す写真もだいじに撮っておいて必要な時には提示できるようにしておくことを勧めます。森林インストラクターのことは誰も宣伝して

くれません。自分で宣伝するしかありません。全国の森林インストラクターは常に自分で自分のことを宣伝する態度を身につけなければなりません。

この事例を見て、はじめて森林インストラクターというものを信用してくれて、「ではこの公園の主催で観察会をやったらどうか」と言ってくれました。

「公園主催」とは公園がポスターつくり、張り出し、人集めをしてくれるということです。

しかも講師：森林インストラクター岩下洋一とも出してくれます。「風薫る新緑の自然観察会」というポスターを出して募集をかけてくれました。ラッキーでした。

この観察会で３０名ほどの参加者があつまり、まずまずの評価をもらい、さらに年３回の観察会を作ってくれました。夏の「夏休み昆虫観察会」と「秋の自然観察会」でした。

このとき試験に受かったばかりで仕事をしたことがない新人の森林インストラクター数人が一緒にやりたいと言ってきたので、下見をきちっとやって、参加者の前での解説の例などをやりました。

ここまでは公園主催の年３回までの観察会です。私は「〇〇自然塾」のような森林インストラクターが主催し、運営するかたちの、年間６回以上恒常的に観察会を実施する会を作りたかったので、公園にお願いして、公園主催の観察会の際に「馬見自然塾からのお知らせ」というビラをこの特定な参加者に配らせてもらうよう頼みました。（公園を訪れる一般市民ではなく、観察会への特定な参加者だけに向けたビラだから、配布しても良かったわけです。）

今から振り返ってみて、このビラ配布は決定的に大事なものでした。森林インストラクターは観察会への人集めはとても不得手です。誰かが人さえ集めてくれれば、インストラクターは何時間でも喋り、解説出来ますが、参加者を集めるということはとても苦手です。

馬見自然塾へ入会してもらった参加者には丁寧に案内状を送ったりしなければなりません。できれば「馬見自然塾たより」などのニュースが発行できればより良いでしょう。

仕事の次にそもそも森林インストラクターは何をする者なのかと言うことが問題になります。

（2）自然観察会の講師（森林インストラクターなど）はなにをする者か——森林インストラクターはどのように規定されるか——

森林インストラクターになるには国家試験ではないが比較的難しい試験があります（ネットなどで「森林インストラクター」参照）。

試験に受かった後は森林インストラクターとして活動するわけですが、何をするのかですが、わかりやすく言うと「森の案内人」になるといえます。

一般市民に森を案内するためにはさまざまな専門知識は、当然必要になってきます。

しかし森林インストラクターは学者でも研究者でもありません。ではなに者かということになりますが、ちょうど学校の先生のような立場にいます。学校の先生は学者でも研究者でもありませんが、大げさに言うと現在までの全人類のつくりあげた学問体系（これは学者・研究者のつくりあげたもの）をわかりやすく、対象者の年齢と理解度に応じて、後世の人々に伝えていくというだいじな仕事をしています。森林インストラクターを上記のように学者でも研究者でもないと規定することは後述するようにだいじなことになってきます。

森林インストラクターはこの知識の伝達という重要な立場をふまえて、さらに必要なことは知識の伝達だけではなく、参加者が見て、触って、嗅いで・・・五感を働かせて体験しながら参加者自身で自分なりの発見をしていく過程を援助していく、と言う難しい仕事をすることになります。ここは学者、研究者はやらないことです。

自然界は想像をこえる複雑さ、多様性にあふれています。植物ひとつとっても、被

子植物だけで２４万種〜３０万種あると言われています。あれこれの知識を伝達するだけでもなかなか手に負えるものではありません。途方に暮れてしまいます。さらに参加者に発見の過程を仕組んでいく専門性などできそうもないと思えますが、森林インストラクターは学者、研究者が心血をそそいだ知識体系を学んでおいて、その自然観察に合った発見を組み立てていく力量が問われます。

例えば公園でもどこにでもあるサネカズラは、夏に花を咲かせます。この植物を観察した時「これはサネカズラの花です。秋に赤い実をつけます。この枝を水に浸けておくとぬめりがでてきて、昔、髪を整えるために使ったのでビナンカズラとも呼ばれました。」という知識の伝達はかなり簡単にできます。

　発見を仕組むとは、この花を見て、触って、嗅いでみると雌雄異花でそれぞれの花のガク、花弁（これらを花被片という）の区別が無く螺旋状に花を取り巻いていることがわかります（図の最下部）。赤い果実から雌蕊も螺旋状についていることが発見できます。そう

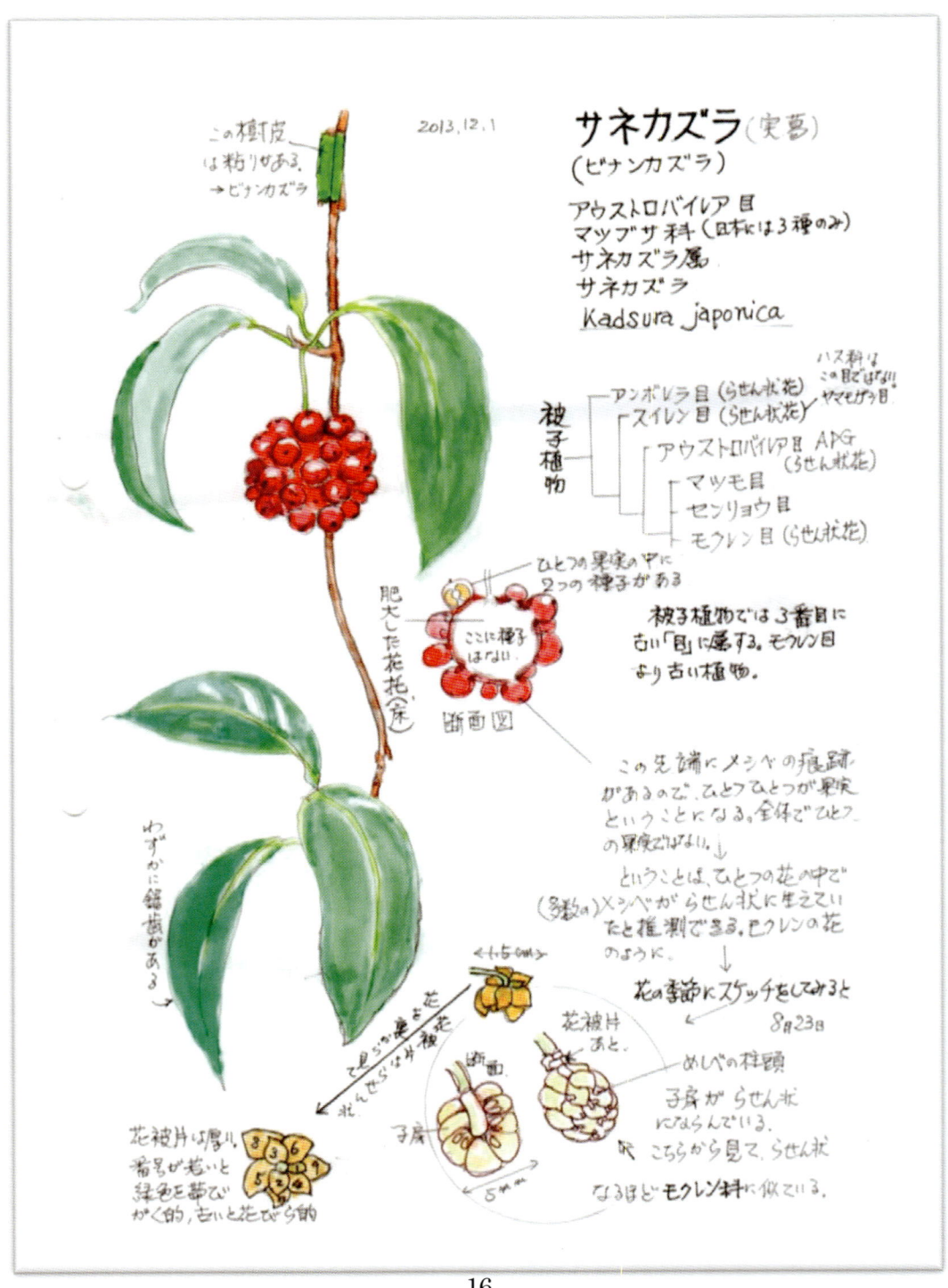

するとこの植物は1億数千年前に地球上に現れた原始被子植物群に属する植物ではないかという予想を森林イストラクターがまずします。学者・研究者が遺伝子解析をしたＡＰＧ（被子植物分類体系）の知識を借りて調べてみると、モクレン目よりもっと古い、全植物で3番目に古いアウストロバイレア目に属することがわかってきます。6章のＰ31の資料、「被子植物の系統樹」の上から3番目にアウストロバイレア目という聞きなれない「目」があります。ここにサネカズラやシキミが属しているのです。森林インストラクターはこれらの資料を学者・研究者の力を借りて準備しておいて、（勉強しておいて）、参加者の発見の裏付けをしてやらなければなりません。まさに仕組んでいくという森林インストラクターの専門性が必要になります。

　参加者にとっては普段から見慣れている、どこにでもあるサネカズラが「数百年前の氷河時代どころではない1億年と言うとてつもなく古い形態を持った植物であったのか！」という大発見になるわけです。

　この図は私の別の小冊子「植物スケッチのすすめ」に載ようと準備してあったものです。

　「発見を仕組む」、最もいい方法は森林インストラクター自身が身近な植物をスケッチしてみて、「あーこうなっているのか」という気づき、発見をなるべく多く体験しておくことだと思います。

　6章に「植物スケッチのすすめ」があります。私の植物への「きずき」の例の一部が載せてあります。植物スケッチは森林インストラクターが時間をかけるにふさわしいことだと思います。

　「森林インストラクターは何をする者か」の続きになりますが、

　私自身も、知り合いの先輩の森林インストラクターも圧倒的な植物の多様性と、学問の難しさのなかに呆然と立ちすくして、ため息をついたことがあります。

　特に私のように退職してから森林インストラクターの試験を受けた者は、勉強する絶対時間数が足りません。すぐに年齢によるインストラクター引退の時がせまってきます。

　試験には受かっているが、退職後に自分の仕事を別に持ちながら、片手間に森林インストラクターの仕事はできない、と言うのが私の感じているところです。

　子供相手にゲームや、簡単な植物だけで「こども樹木博士」などを、あまり準備もせずにやっつけ仕事でやっていると、むなしさを感ずる時があります。このような場合は「自分は森林インストラクターとしてプロではない」と思っているから、講師料に対する淡白な感情を持つことになります。忙しい中でも、森林インストラクターの勉強時間を確保したインストラクターは講師料にも高い要求を持ってくるのが正常な姿だと思います。

ここで観察会への人集めを考えられる限り整理してみます。

（3）観察会への参加者あつめ

①上記の公園が「馬見自然塾」のビラを撒かせてくれて、人集めができたのは例外的な幸運であったので一般論として参考にならないかもしれませんが、粘り強く交渉を続ける覚悟が必要です。

はじめて公園の事務所で私が観察会のビラまきをことわられた時、公園事務所の窓の外にゴールデンクレストがあるのを憶えておいて、次に事務所を訪れた時にゴールデンクレストとクスノキから水蒸気蒸留した精油の水溶液をスプレーで持っていき、森林浴の香り（一般的にはフィトンチッドと言うが、化学物質としてはテルペン類のこと）を嗅いでもらいました。

公園職員としてこのような物質が公園の

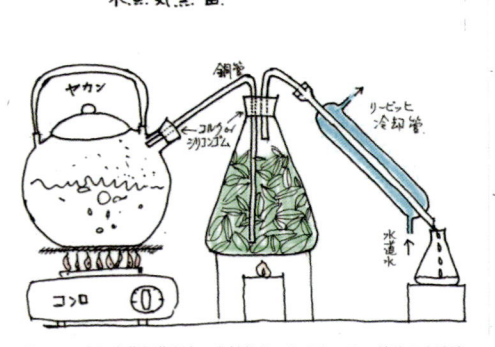

フラスコの中に水蒸気蒸留すべき植物をいれると、その精油の水溶液が右の小フラスコに得られる。スプレー容器に保存する。

木から降ってくることを知らなかったので、おおいに関心を持ってもらいました。

フィトンチッドは春日山原始林の針葉樹林では右図のような「青い靄（ブルー

ヘイズ）」として観察されるものです。

私は森林セラピーの資格も持っています。

森林インストラクターは都市公園との直接交渉の際は、よくその公園の特徴を把握しておいて「こんな観察会が組み立てられる」と説明できるようにしておいた方がいいと思います。

②公的な広報をつかって人集め：

県の広報には県主催の催しは掲載しますが、馬見自然塾のような任意団体は広報には載せてくれません。奈良市など「市」になると任意団体の自然観察会も小さく載せてくれるところがあります。ここに2か月前シメキリという時期を間違えずに申し込んで載せてもらう方法があります。市民は小さい観察会の記事も読んでいて応募してきてくれます。

③公民館の場合：
公民館と話し合って、公民館主催の自然観察会をつくってもらって、観察会の講師としての役割のみを受持つ方法。

募集・人集めは公民館がするので森林インストラクターとしてはとても助かります。団体傷害保険も公民館が掛けます。森林インストラクターは観察会の内容の充実のみに専念できて具合がいいです。

公民館には公民館独自のきまりがありますので、事前によく話し合って、さまざまな折り合いをつけておく必要があり

ます。

④小学校５年生の森林環境教育の基礎としての校庭観察会

５年生には森林環境教育のカリキュラムがありますが、生徒は森林という前にスギとヒノキの区別も知りません。また、その前に針葉樹、落葉樹の区別も定かではありません。今どきの子供は、自然にまず触れるという根源的接触がありません。

校庭であれこれの樹木を見て、触って、嗅いで、森林環境教育の基礎ともいうべき段階を体験してもらう必要があります。

自然にまじまじと触れてみないで、森林環境教育は難しすぎると思います。

たとえば次のページの図のように校庭にクチナシが植えてあったら、その果実をコップの水に溶き、小さい木綿のガーゼを黄色く染める実験を各自にやってもらいます。それがタクアンやラーメンの黄色天然染料として使われること、などの基本的な自然との接触体験を森林インストラクターが受持つということになります。

小学校を直接訪れて５年生の担任の先生に「４５分間の校庭での自然観察会」を理解してもらって、自然観察会を行う方法です。場合によったら、即興で先生方にその場で、ある樹種を取り上げ観察会の例を見て貰ったらいいと思います。学校も森林インストラクターという者を知りませんので、どこの馬の骨かという感覚はあります。前述の県立公園での自然観察会のポスター（森林インストラクターとしての自分の名前がのっているもの）などで信用してもらったらいいと思います。４５分は小学校の１限の長さです。

小学校さえＯＫしてくれれば、不得意な人集めに苦労することはありません。ただ小学校には森林インストラクターに講師料を払うお金がありませんから、県の森林環境税からつくられた人材バンクに申請して講師料を確保する必要があります。

人材バンクへの書類申請の仕方は、いそがしい学校の先生としては嫌がりますので、森林インストラクターが小学校の先生に記入例などで教えてやったほうが効率的にことが進みます。

次のページに小学校で実施した校庭の例が載せてあります。どのような観察対象があるかだいたい理解できると思います。

赤字で書いてある部分を説明するだけで４５分はたってしまいます。

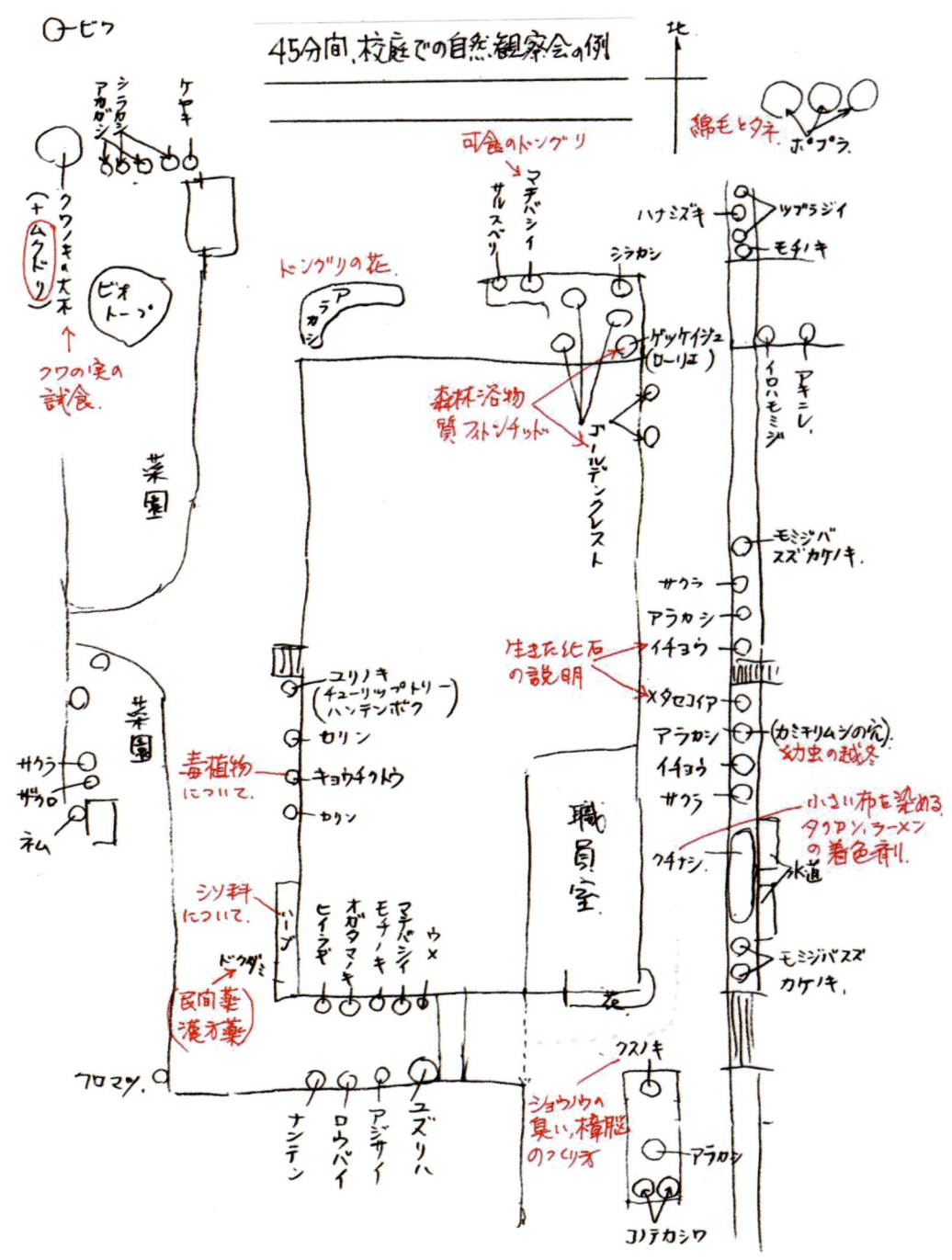

（4）観察会の資金を作る

馬見自然塾の塾生は1回の参加費は200円です。その内訳は必ず加入しなければならない団体傷害保険代、郵送費、プリント資料代、研修室使用代などで全部なくなります。一番大事な森林インストラクターの講師料や交通費は出てきません。

では、一般参加者からもっと高額な参加費を徴収すればよいではないか、となりますが参加費は安ければ安いほど気楽に参加ができて、観察会はながく継続できます。

有名なスポーツ団体やカルチャーセンターは自然観察会の年会費として2～3万円を平気で徴収しますが、奈良県内の都市住民にはふさわしくない金額だと思います。

森林インストラクターに交通費や講師料が払えない自然観察会はすぐに潰れます。不十分ながらでも恒常的に森林インストラクターの講師料・交通費を確保しなければなりません。講師料・交通費の出ないボラティアとしての森林インストラクターでは長い間には内容もいい加減なものになってきて、プロとしての仕事から遠のいていくことになります。

資金を得る方法
①国からの交付金、「森林・山村多面的機能発揮対策交付金」を受ける方法。

申し込み方法など、詳しくはネットで調べてください。

この交付金は自然観察会だけやって、交付金をうけることはできません。里山整備や竹林整備をやってはじめて自然観察会に交付金が出ます。

正確な報告書の提出などが義務化されています。

②なら生協などから助成金を得る方法

なら生協や損保ジャパンなどは自然環境保全の活動をしている団体に助成金を出しているところがあります。

ただしこれらの助成金は講師料・交通費などの人件費には使えません。

それでも、切手代、通信費などに使えてたすかるものです。

③毎回の参加費を200円からもっと大幅に引き上げる方法

たしかに有名カルチャーセンターなどが行う自然観察会は参加者ひとりあたり、年会費数万円を徴収しています。これは一回当たり、一人あたり参加費としては2000円くらいになります。講師はやはり私たちと変わらない同じ森林インストラクターなのにおおきな差になります。

私達の観察会の参加時間は午前半日だけですので、最大500円/1回、くらいまでの値上げしかできないと思います。

年会費ではなく1回毎に参加費を集める理由は「欠席しやすくする」ためです。観察会に欠席しやすいということは、長期で見れば参加しやすく長続きするものです。

一度に数万円払ってしまうと、欠席しにくくなって、結局、観察会に申し込みがしにくくなります。

気楽に欠席しやすいと、気楽に会員に

なりやすいのです。あとは都合のつく時だけ参加すればいいのです。

（5）団体傷害保険について

屋外で観察会などをする場合、怪我や事故は付き物だと思っていなければなりません。

注意して観察会を運営していても防ぎきれない思いがけない事故もあります。そんな時のために、団体傷害保険に観察会参加者全員が入っておかなければなりません。

いくつか団体傷害保険がありますが、わかりやすいものは全国社会福祉協議会の「ボランティア行事保険」だろうと思います。

社会福祉協議会へ行って、観察会を行うそのつどに申し込みをすればいいわけです。事前に参加人数による保険料を払い込むことになりますが、参加者名簿を届ける必要はありません。

留学生などの外国人でも加入できます。

第5章 森林インストラクターの独立

　森林インストラクターとしての仕事は経験が大きくものを言います。「観察会の組織を作る」のところで述べたとおり、仕事をつうじて森林インストラクターになっていくのであって、人様の前で経験を積まないと森林インストラクターになっていけない、のです。

　森林インストラクターの難しいペーパーテスト（二次試験に面接テストもありますが）に受かってもそれだけで、人様の前に立って観察会はできません。

　私の経験になりますが、試験に受かって、すぐに1度だけ人様の前にいきなり立たされたことがありました。何かを説明しようと思っても何も説明する内容を持っていませんでした。恥ずかしい思いをしました。私がついていたその先輩は下見ということをしない先輩でした。このとき自分一人でもいいから下見をしておくべきだったと思い知りました。

　先輩の後について歩いて、「たったこれだけの事実を、あんな風に説明できるのか！」と感心しながらたくさんの知識を学び・盗んでいきます。新人のインストラクターにとってはすぐに血となり肉となります。と同時にナマイキにもなっていくのは正常な姿でしょう。

　一人だけで書物などだけから学んで、一人前の森林インストラクターになろうと思ったら大変な時間がかかります。新人の森林インストラクターにとって、先輩ほどありがたいものはありません。（ここで、断っておきますが私は日本の学校やスポーツ界、いや会社の中にまである先輩・後輩の上下関係はだいきらいです。彼らは実力がないことを、先輩・後輩の上下関係で自分の無能をごまかしているのです。したがって彼らの世界では忖度することが重要な生き方になってくるわけです。森林インストラクターの先輩・後輩はこのようなものではありません。）

　先輩の背中を見ながらも、同輩と切磋琢磨して森林インストラクターとしてスキルをあげていくことが短期間にできます。

　森林インストラクターの宿命として、先輩は自分の持っているすべての知識、技術、方法、参考書籍、学問的裏付け、などすべてを後輩の前にさらして、下見の時などに教えなければなりません。後輩はそれから学び・盗んで急速に成長して自信をつけていきます。

　そうこうしているうちに後輩は「こうやったら自然観察会は組み立てられるのか」として独立しようと考えます。個人商店の独立のようなものです。

　ここは大事なところです。サラリーマン時代のように会社内のどの役職に自分がいるのかなどということに心を配るのではなく、独立することを考えることができるのが森林インストラクターのすばらしい世界です。先輩の作った会にとどまりつづけることは、むしろその先輩が作った組織をそろそろ自分がとってかわろうかなどと考えたりします。こんなサラリーマン時代のようなことをやっては

いけません。先輩や他人が考えたオリジナルな考えを自分が考え出したように発表したりしてはいけません。

森林インストラクターは実力があるから独立できるのであって、世渡りがうまいから独立できるのではありません。あれだけ洗いざらい自分の持っているものを惜しみなく与えてくれた先輩の組織を横取りするようなことをしてはいけません。

会社員時代は集団で団子になって、集団の論理で動きますが、森林インストラクターの資格は個人に与えられたものですので、独立する事こそが森林インストラクターとしての特徴ある生き方だと思います。

「都市公園での自然観察会」は、今まで述べたように新人のインストラクターが効率よく学び、そして成長し独立していくのに最適な場所だと思います。

したがって、本書の長いタイトルにあるように「都市公園での自然観察会の組み立て方」と「森林インストラクターの独立」はセットになっているのです。

（2）独立の仕方、手続き

その先輩の会（組織）から自分から出ていくさいは、その会員名簿や事務用品、マイクなどの備品、今迄の会の記録、提出書類など、すべて会に返還しなければなりません。あなたのものではありません。これらを横取りしたらいけません。

特に会員名簿の横取りは犯罪的です。

あなたにさまざまなことを学ばせ・盗ませてくれた先輩のものを横取りしたらいけません。

あなたはすべて一から始めたらいいのです。それでも頭の中にはたくさんの先輩から受け継いだものが残っています。それをたよりに新たなフィールドを考え、独立をして、あらたな後輩に洗いざらい学ばせ・盗ませながら後輩を育ててください。あなたが創造的な取り組みをせずに、マンネリ化したインストラクションを続けていたのでは先輩として学ばれ・盗まれるものが貧弱なものになり、その後輩は早めにいなくなるでしょう。

また、先輩のフィールドと重なるような観察会を組み立てるようなことをしてはいけません。「私はこうやるのだ」、となにもかもまったく新しくはじめてください。

特に独立については、観察会の参加者集めが一番困難なところです。粘り強く都市公園事務所を訪ねて歩いたり、公民館まわりをしたり、学校を訪ねて先生方に話を聞いてもらったりの「営業」をしなければなりません。たぶんこの営業は不当な扱いを受け、いやな思いをすることが多いと思います。

たとえうまく自分のフィールドが見つかり、人が集まっても次々と参加者が興味を持ち続け、観察会が継続する方法を考えていかなければなりません。それには森林インストラクター自身がそのフィールドに興味を持って、スケッチブックに記録しながら「発見を経験」していくことだと思います。

森林インストラクターは職業分類上ではサービス業ですから、独立に際してこのくらいの労力は惜しんではいけません。

第6章　自然観察会（植物編）のプログラムの例

プログラム例の活用のしかた

資料はこの冊子の6章に付けてあります。

本小冊子は資料の方にこそ重点があり、すぐに利用できるものだと思います。読んで、参考になるところは本をバラバラにして各自で印刷して、さらに観察会参加者分をマスプリントして利用してかまいません。そしてご自分で追加修正して個性的なそれぞれの森林インストラクターの教材に作り直して使ってください。

1、27～30ｐの「**植物観察の基礎知識**」の使い方

　　たとえば、ヤマノイモにムカゴというものがあります。このムカゴは果実、種、花、芽（シュート）のうちどれなのか？という疑問を持った場合。
　　28ページの（2）に「花も芽（シュート）も葉の腋に出る」とある。ムカゴは葉の腋についているので、ムカゴは芽（シュート）だということがわかる。明らかに花ではないし、花は別のところに咲いている。シュートをギュッと団子状にちぢめたものがムカゴであることがわかる。この芽であるムカゴが地面に落ちて発芽すればクローンのヤマノイモの成体になることも想像できる。
　　また、たとえばコセンダングサ（6章の「植物スケッチのすすめ」にあり）の引っつき虫の棘は花の何からできているのか、のような疑問には29ｐの「花のつくり」で説明できます。
　　このように実に簡単な基礎事項から難しいことを説明していくことに役に立ちます。

2、31ｐの「**被子植物の系統樹**」の使い方

　　たとえば、「池に咲くスイレンとハスの交配種ができれば素晴らしい花になりますね。」と観察会の参加者が話しかけてきたとき、この系統樹からみて、自然界ではその交配はありえないことであることが説明できます。スイレン目とハスの属するヤマモガシ目とでは、「目」の段階が違うので自然界での交配はあり得ません。交配はずっと下位の同じ「種」内ではできますが、「目」が違うと木と竹の交配ほどあり得ないことがこの表からわかります。
　ＡＰＧで説明することになりますので、出典も明記してあります。

3、32～37ｐの「**科に慣れる**」の使い方

　　バラバラにしたこの本の6ページ分を別に観察会参加者人数分を印刷して、渡して使ってもいいし、講師一人が持ち歩いて説明に使ってもいいです。
　　たとえば、春に「タカノツメやコシアブラ、タラノキ、ウド、ウコギ、トチバニンジン（朝鮮人参の親類）のテンプラをするとおいしいですね。」と言うような会話があったとします。ウコギ科の項を指し示して、じつはこれらはみなウコギ科で散形花序の花を咲かせます。そして何種類かのウコギ科植物に触れてみて「ウコギ科はなんか食えそうだ」という感覚が「科に慣れる」という感覚になります。

4、38,39ｐの（「**馬見丘陵公園で観察される薬用植物**」の使い方

　　この公園と書いてありますが、どこの野外でも使えます。漢＝漢方薬、民＝民間薬の

ことです。やはり本をバラバラにして、2ページ分を1セットにして、必要枚数を印刷して配ります。観察中に出会った植物でその番号の薬草があれば、森林インストラクターが解説をします。

「〇〇は漢方の生薬△△として使われます。」まではいいと思いますが、「〇〇は××に効きます。」などの医療行為と思われてしまうようなことは避けたほうがいいと思います。この「薬用植物」も野外で何回も接して、くりかえし読み直し慣れることがだいじです。

奈良県は富山県より古くからの薬業の盛んなところです。正倉院御物以来です。奈良の森林インストラクターは経験を積んで奈良県ならではの薬用植物の専門家になるべきでしょう。

5、40～49pの「**万葉集に詠われた植物**」の使い方

この10ページ分1セットのプリントを観察会参加人数分印刷して使ってください。

奈良公園内には春日大社の万葉植物園があって、ここには万葉集に詠われた植物が分野ごとに整理されて植栽されていています。その植物に関する歌まで記してあります。このプリントは万葉植物園用に作りましたが、どこの野外でも使えるように番号が打ってありますので、その番号の植物に出会った時、解説に使えます。森林インストラクターの場合、あくまで歌の文学的解釈が目的ではなく、植物に焦点をあてた解説をすることになります。個々にあげられた植物をたどりながら、万葉人の植物観ともいうべきものをつかむのが目的です。

6、50～68pの「**植物観察オリエンテーリング**」の使い方

この本をバラバラにして、オリエンテーリング用紙を別に多量にコピーして参加者に配っても結構です。

ただし、答えの部分を消して印刷しなければならないという、別の手間はかかります。

7、69p～の「**植物スケッチのすすめ**」の使い方

森林インストラクターがスケッチ教室を開く場合は芸術的な美を追求したボタニカルアートや全体的に完成された構図の植物画を求めるわけではありません。

ではどのようなものか、の例がいくつか載っています。植物をよく見て、描いている間に自分なりの発見があればよいというスケッチ教室の例です。

じつは、これらのスケッチは森林インストラクターである私自身がスケッチをしてみて、はじめて「あーこうなっているのか」という発見の記録でもありました。これらのスケッチの裏にはまだ、中途半端な書きかけの図が大量にあります。

春に花を描き、秋にその果実をつぎ足すように描き、さらに冬芽を・・・と、同一画面に付け足していくことになりますので、何時が完成時かわからないくらいです。つぎ足すたびに自分の描いたスケッチをくりかえし見るので、そこで自分の絵の中に思わぬ発見することもあります。

自分のスケッチブックは宝物です。そこに書き込んだ自分のメモも大事です。きっと現場で森林インストラクターをする時に役に立ちます。

植物観察の基礎講座

1. 植物というもの

（1）、植物は単純に葉、茎、根からできている。単純といっても植物の光合成ひとつとっても、人間にはまねができていない。

　胚軸は茎とも根とも維管束の並び方に違いがあり、両者をつなぐ機能をもつ。

　　　　　　　　双子葉植物の例　→

　問：ダイコンの葉、茎、根はどこか。

（2）、「花も芽（シュート）も葉の腋（わき）から出る。」これは2億年以上前に出現した古い植物、針葉樹についてもなりたつ事柄である。→「一枚の葉」とはの意味にもなる。

　問：ハナイカダは葉腋（ようえき）ではなく葉の真ん中に花が咲く。どう説明するか。（ルスカスも同じ）

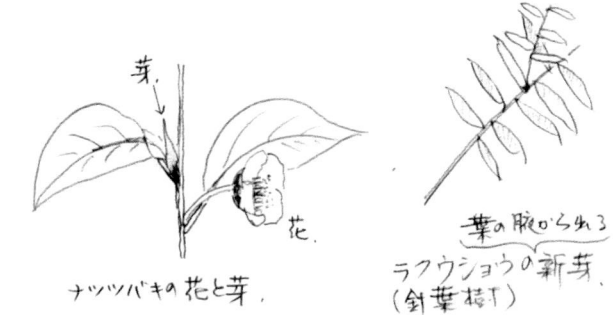

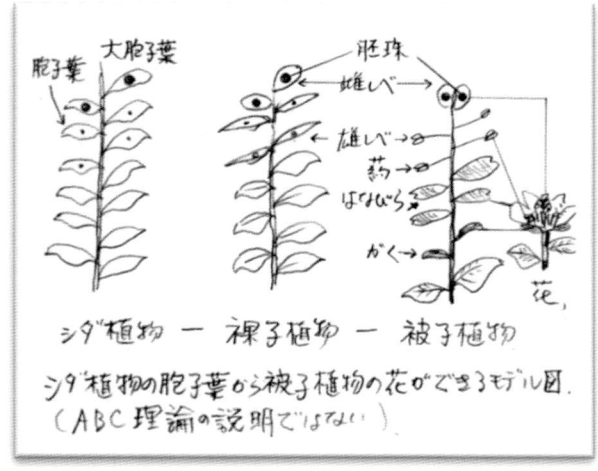

（3）、花は葉が変化したものである（左図）。

また、シュート内の葉が、がく、はなびら（花弁）、おしべ、めしべへ変化することを説明する遺伝子ABCの理論がある。（マイロウイッツらによる）↓

　○、Aのみが発現すると葉からガクがつくられる。

　○、AとBが発現すると葉から花弁がつくられる。

　○、Cのみが発現すると葉からめしべがつくられる。

　○、BとCが発現すると葉からおしべがつくられる。

　○、ABCいずれも発現しないと葉になる。すなわちシュートになる。

　がくと花弁は区別がつかないこともあるので、両方を**花被片**ともいう。また、おしべが花弁に変化し、八重の花になることが簡単に観察できることもある。その逆もある。めしべは特にだいじなので**心皮（しんぴ）**と言う。

（4）、花も芽も進化的に同じ起源をもつものなので、これを「相同」という。

　問：ヤマノイモやオニユリは「むかご」をつける。むかごは花か種か果実かはたまた根か？。
　　すなわちむかごは何と相同か。

問： 学校で「サツマイモのイモは根だが、ジャガイモのイモは根ではなく茎だ。」と教わった。「ジャガイモのイモは茎と相同」という意味ですが、このイモは光で緑化すること、イモの芽の螺旋状の配置することから茎であることを説明せよ。

2、葉のつき方、葉序　　葉のつき方は以下の互生～複葉で、これらがでたらめに組み合わされた植物は現在知られていない。かならず互生～複葉にあてはまるので、その規則性ゆえに**葉序**という。

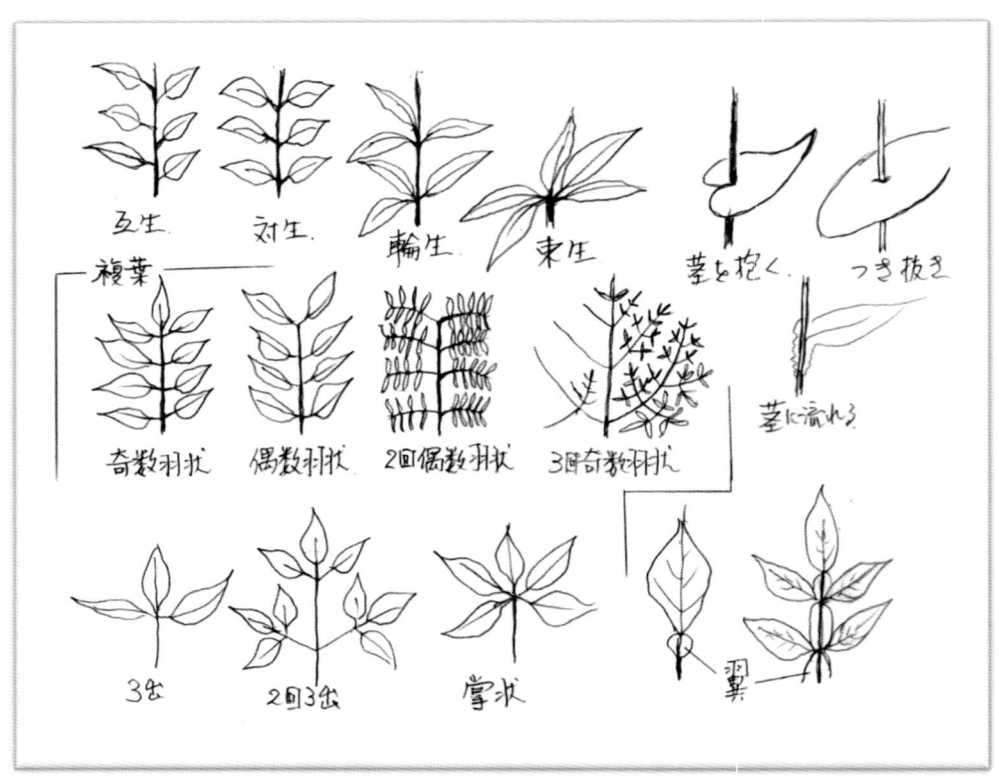

3、葉のつくり　　「鋸歯は何のためにあるか」は諸説あるが定説はない。熱帯など気温が高い所には全縁が多く、気温の低い所には鋸歯がある植物が多いことは知られている。気温と全縁率のグラフまである。

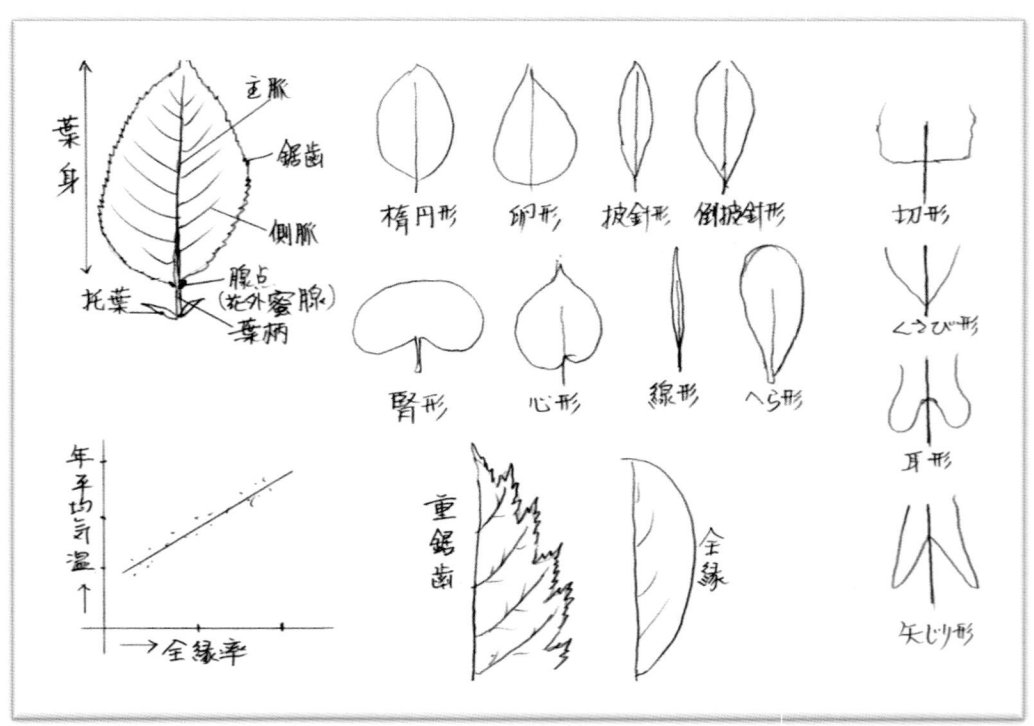

4、花のつくり・・・花は葉（花被片や心皮）に由来する、がく、花弁、おしべ、めしべからできている。めしべ以外は相互に変化する。

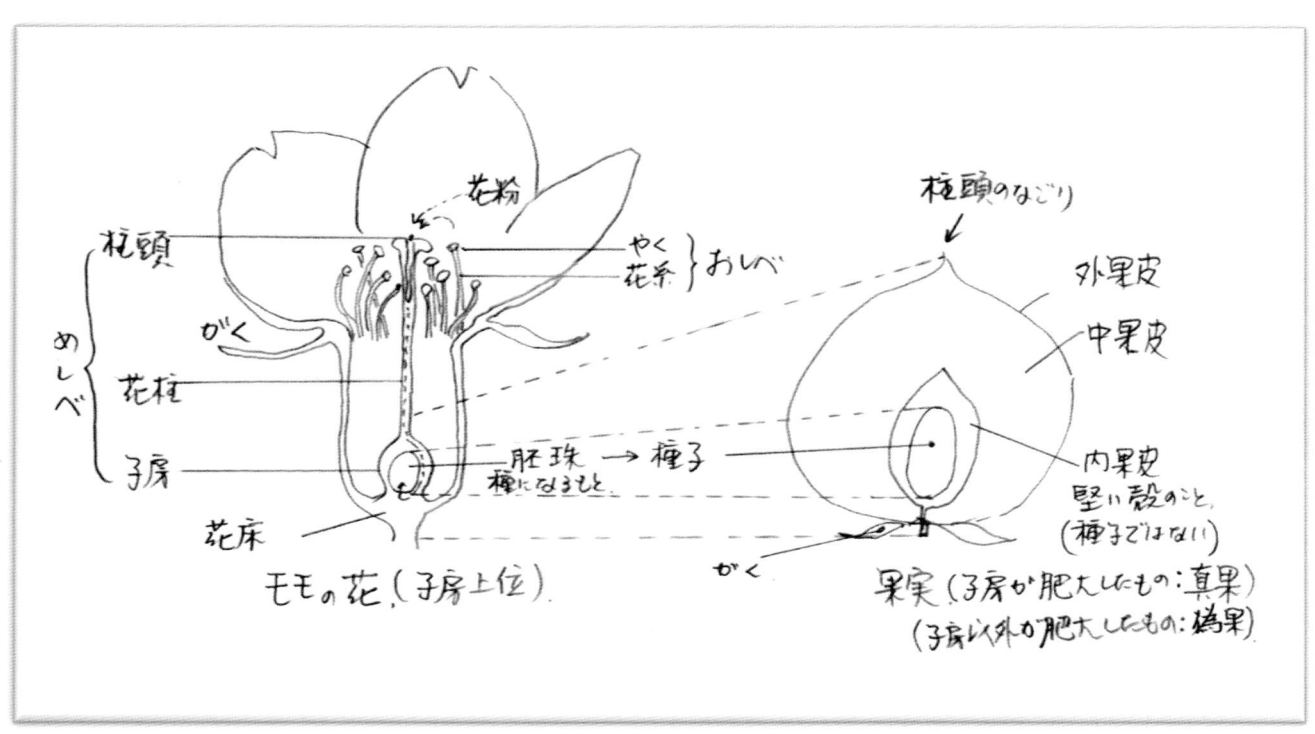

（だいじな胚珠は心皮という葉に起源をもつ**子房**に覆われている。ゆえに**被子植物**と言う。約1億年以上前にあらわれた新らしい植物である。針葉樹、イチョウなどのように古い植物、**裸子植物**は胚珠が裸のまま露出している。そこに花粉が偶然つくのを待っている。裸子植物の場合、子房がないので、種子はできるが果実というものはできない。

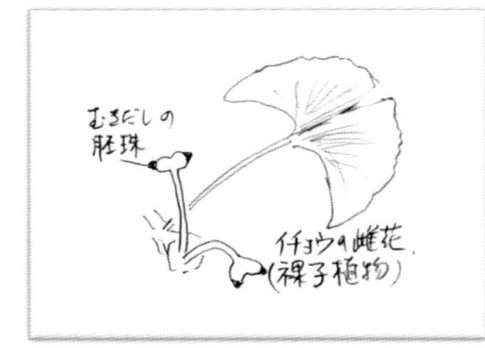

問： もう一度問う。**果実**の定義をのべよ。
問： モモを食べたとき心皮という葉のどこを食べたことになるか。
問： モモの果実に縦にくぼみの線があることを、心皮の縫合線（ほうごうせん）として説明せよ。

5、植物の命名法

国際命名法による学名は自然観察会では、くわしくおぼえる必要はない。

リンネは全植物を系統的に分類するために、界、門、綱、目、科、属、種をもうけ、植物を最後の属と種小名をラテン語であらわす二名法（にめいほう）を考えた。その後分類法はクロンキスト法や新エングラー法などができた。最新のものは遺伝子解析によるAPG（Angiosperm Phylogeny Group 被子植物系統グループ）である。

ツバキの例

division	class	order	family	genus	species	・・・英語
門	綱	目	科	属	種	＋命名者
			Theaceae	Camellia	japonica	L. ・・・ラテン語（ローマ字読みしたらよい）
			ツバキ科	ツバキ属	ヤブツバキ	リンネ・・・日本語（科がわかると納得しやすい。

6、植物の進化

下図のくわしい図は裏表紙のみひらきあります。参照してください。

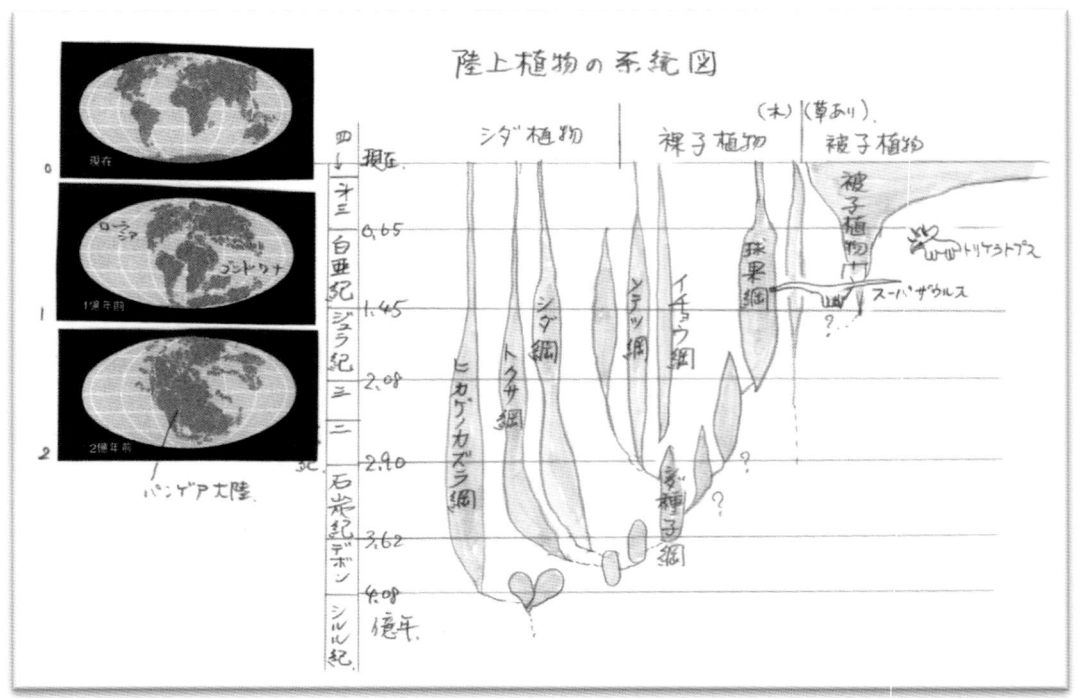

- 地球は一貫して寒冷化、乾燥化している。
- 約3億年前の石炭紀にはヒカゲノカズラ綱、トクサ綱、シダ綱、シダ種子綱しか存在しない。
- 約2億年前の地球はパンゲア大陸の時代。針葉樹（球果類）ができ始めた時代。温暖で湿潤。
- 約1.2億年前ほぼローラシア大陸とゴンドワナ大陸とに分かれていた。四季ができはじめた。巨大な植物食恐竜（草はまだなかったので草食恐竜とは言わない）は高い針葉樹などを食っていたと思われる。アルカエアントスなどのきれいな花の咲く被子植物が出始めた。巨大植物食恐竜は花を見ていない。
- 約6500万年前、巨大隕石が落ちてきて、恐竜は絶滅したとされている。その直前のトリケラトプスは明らかに草食恐竜の形をしている。地球の寒冷化、乾燥化が木を草へと適応進化させた。草花を含む被子植物は爆発的にひろがった。・現代、地球には氷河も四季もある。被子植物は25万種に及ぶとされている。この図からはるか遠くまで塗り潰さなければならない。裸子植物は約800種しか残っていないので、これらを「生きた化石」と規定する学者もいる。

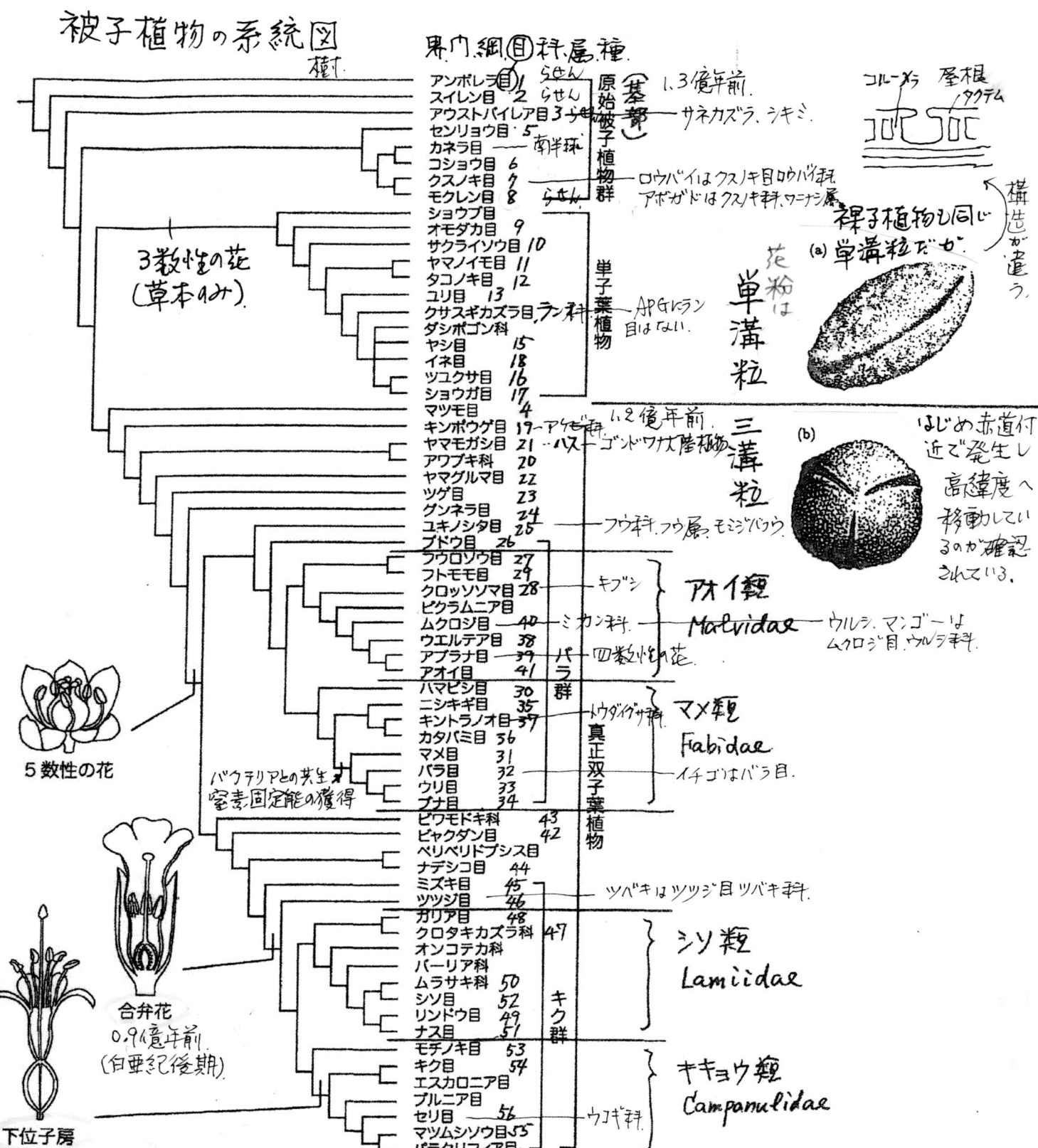

図4 被子植物の系統樹．真正双子葉植物に見られる花の進化も一部示してある．

「科」に慣れる

　植物を分類する方法は植物の形態から分類したリンネの二名法（属と種＋命名者）があります。この形態分類の流れをくむ新エングラー体系、クロンキスト体系をへて、現在では遺伝子解析から分類するＡＰＧ（被子植物系統グループ）になっています。二名法は学名で属と種をラテン語で記述します。発音は問わないことになっています。（日本ではローマ字読みでＯＫだが、英語読みが普通）

　二名法は「種」で植物を厳密に区別します。「科」のくくりも植物のグループ分けに便利なものです。科に慣れると図鑑も引きやすくなります。また植物の形態から科を考察することはクロンキスト体系などと同じ手法であり、植物観察にとってとても重要なことです。

	界	門	綱	目	科	属	種	変種	品種
英語	kingdom	division	class	order	family	genus	species	variety	form
ラテン語語尾				-ales	-aceae			varietus	f.

　二名法の例　タイサンボク：Magnolia grandiflora L.（モクレン属、種名(大きな花の)　L.はリンネ）

アオイ科：ウマノスズクサ科のカンアオイ属とは関係ない。雄芯はたばねて筒状に雌芯の周りにつく特徴がある。仰（あおぐ）日の意

　　　　　トロロアオイ属—トロロアオイ, オクラ
　　　　　イチビ属—イチビ, アブチロン
　　　　　タチアオイ属—タチアオイ
　　　　　ワタ属—ワタ
　　　　　フヨウ属（Hibisucus）—フヨウ、ハイビスカス、ムクゲ、ケナフ、
　　　　　　　　　　　ハマボウ、オオハマボウ、モミジアオイ
　　　　　ゼニアオイ属—ゼニアオイ、ウサギアオイ、フユアオイ、コモンアロウ
　　　　　サキシマハマボウ属—
　　　　　ボンテンカ属—ボンテンカ、ヤノネボンテンカ

アカネ科：　６００属１００００種を含む大きい科、例として、アカネ、コーヒーノキ、ノニ（八重山アオキ）、クチナシ、キナ（キニーネの原料）、トコン（吐根）エメチン（アメーバ赤痢の治療薬）を含む）、サンタンカ、ハクチョウゲ、ペンタス、ヤエムグラ、ヘクソカズラ、カギカズラ

　　　葉は単葉で対生か（見かけ上）輪生。托葉があり、アカネ属やヤエムグラ属では葉と同じ型になるため輪生に見える。花は合弁花で５裂するもののほか４列もある。アルカロイドを含むものも多い。

アブラナ科　：３６５属３２００種

　　　アブラナ属　┌Brassica oleracea（野菜の）ヤセイカンランという種の変種：ケール、キャベツ、メキャベツ、
　　　　　　　　　│　　　　　　　　　ハボタン、ブロッコリー、カリフラワー
　　　　　　　　　└Brassica rapa（かぶら）という原種　の変種：チンゲンサイ、ターサイ、ミズナ、ハクサイ、カブ
　　　　　　　　　　　　　　　（黄色い花）シロイヌナズナ属—シロイロナズナ
　　　ナズナ属—ナズナ　タネツケバナ属—タネツケバナ、ミチタネツケバナ、　ヒメタネツケバナ
　　　セイヨウワサビ属—ホースラディシュ
　　　オランダガラシ属—オランダガラシ（クレソン）

イヌガラシ属―イヌガラシ、スカシタゴボウ、
マメグンバイナズナ―マメグンバイナズナ、ヒメグンバイナズナ、
キバナスズシロ属―ルッコラ
ダイコン属(Raphanus sativus、栽培された)―ダイコン、
　　　　　　　　　　　　　　　　　（白い花）
オオアラセイトウ属―オオアラセイトウ（ムラサキダイコン、
　　　　　　　　　　ショカッサイ、）
ワサビ属―ワサビ
グンバイナズナ属―グンバイナズナ
ハナダイコン属―ハナダイコン
ヤマハタザオ属―スズシロソウ
イベリス属（マガリバナ属）―イベリス

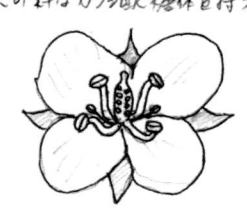
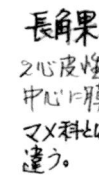

アヤメ科：クサスギカズラ目（キジカクシ目）アヤメ、ハナショウブ、カキツバタ、グラジオラス、フリージアクロッカス、サフラン、
イネ科（６６８属９５００種）、葉は細長く、稈（ふつう中空）とよばれる茎のまわりを
　　　　筒状にとりまいている葉の基部を葉鞘という。
　　　　　　タケなどの稈に見られる節は稈鞘と呼ばれるタケノコの
　　　　皮の落ちたあとである。イネ科の花の花被は鱗被という見え
　　　　ないほど小さく、無いに等しい。苞葉は頴（えい、もみがら）
　　　　と呼ばれ「のぎ」がつくこともある。雄蕊は３または６本

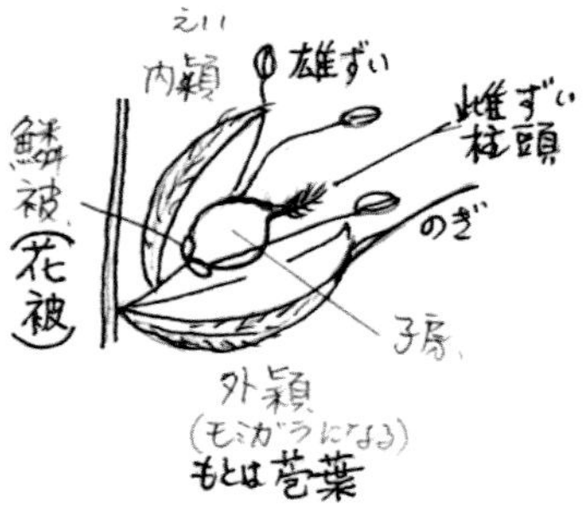

イラクサ科
ウコギ科：葉は掌状単葉または複葉、花は小型で放射相称、散形花序または複散形花序
　　　　をつくる。食用になるものが多い。セリ科に近い。
　　　　タラノキ属―タラノキ、ウド（シシウドはセリ科）
　　　　カクレミノ属―カクレミノ
　　　　ウコギ属―エゾウコギ、ウコギ、コシアブラ
　　　　ヤツデ属―ヤツデ
　　　　タカノツメ属―タカノツメ
　　　　キズタ属―キズタ、セイヨウキズタ（ヘデラ）
　　　　ハリギリ属―ハリギリ
　　　　ハリブキ属―ハリブキ
　　　　トチバニンジン属―オタネニンジン（朝鮮人参、高麗人参）、
　　　　　　　　　　　　　トチバニンジン、アメリカ人参

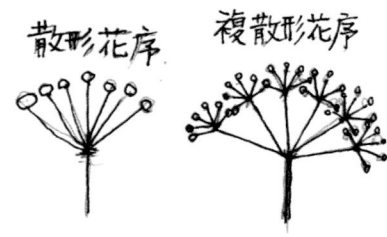

ウマノスズクサ科　　ウマノスズクサ属―ウマノスズクサ
　　　　　　　　　カンアオイ属―カンアオイ、ヒメカンアオイ、ミヤコアオイ、フタバアオイ、ウスバサイシン
ウリ科
ウルシ科　　　　　ウルシ属―ヤマウルシ、ツタウルシ
　　　　　　　　　ヌルデ属―ヌルデ
　　　　　　　　　マンゴー属―マンゴー

キク科（１５２８属２３０００種）被子植物の中で最大の科。小さい花が多数集まって頭状花序（頭花）をつける。頭花は筒状花、舌状花からなる場合がある。果実は痩果でガクが変化した冠毛で風散布が多い。

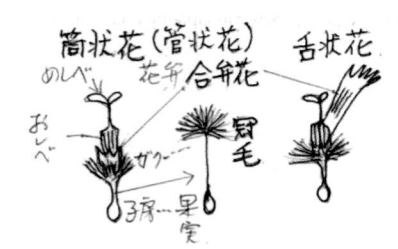

キキョウ科

　　　　　　　　ツリガネニンジン属

　　　　　　　　ホタルブクロ属

　　　　　　　　ツルニンジン属

　　　　　　　　ミゾカクシ属

　　　　　　　　キキョウソウ属

キンポウゲ科（ウマノアシガタ科）：Ranunculaceae、花被片が変化に富んでいる。虫媒花としてさまざまに進化をとげた結果と考えられる。ガクが花弁状になって花弁が蜜線に変化したり、花弁がなくなったりする場合もある。また花被片は　変形して蜜をためる距となっていることもある。雄蕊は多数で、また雌蕊も複数ある多心皮性で離生。真正双子葉植物の最初にあらわれて花の構造は原始的。アルカロイドを含み有害植物が多い。アケビはキンポウゲ目アケビ科でキンポウゲ科ではないが似ている。以前はボタンもキンポウゲ科だった。いまはユキノシタ目。

　　　　センニンソウ属（clematis）—センニンソウ、ボタンズル、クレマチス、テッセン、ハンショウズル

　　　　キンポウゲ属　(Ranunculus)—キツネノボタン、タガラシ

　　　　トリカブト属—ヤマトリカブト、カワチブシ

　　　　フクジュソウ属—

　　　　リュウキンカ属—リュウキンカ

　　　　クリスマスローズ属（ヘレボルス属）—クリスマスローズ

　　　　カラマツソウ属—

　　　　イチリンソウ属—イチリンソウ、ニリンソウ、アネモネ、

　　　　　　　　　シュウケイギク、ハクサンイチゲ

　　　　オウレン属—ミツバオウレン、バイカオウレン

　　　　ミスミソウ属—雪割草

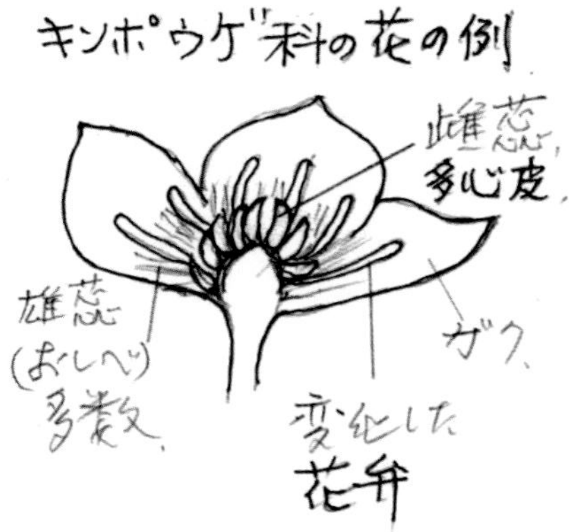

クスノキ科：５５属２０００種以上、関西には８属２０種ほど知られている。原始被子植物群に属す古い植物。花被は小さく、内外３枚づつだが、ガク、花弁の区別はない。温帯南部、熱帯に多い。照葉樹林を形成する代表樹。ほとんど常緑。精油を含み、防虫剤、香辛料、香料になる。液果。

　　　　　　　　カゴノキ属—カゴノキ、バリバリノキ

　　　　　　　　クスノキ属—クスノキ、シナモン（ニッケイ、セイロンニッケイ）、ヤブニッケイ、マルバニッケイ

　　　　　　　　ゲッケイジュ属—ゲッケイジュ（ローリエ）

　　　　　　　　クロモジ属—クロモジ、テンダイウヤク、カナクギノキ、ヤマコウバシ、ダンコウバイ

　　　　　　　　シロモジ属—シロモジ、アブラチャン

　　　　　　　　タブノキ属（またはワニナシ属）—タブノキ、アボガド、ホソバタブ

　　　　　　　　シロダモ属—シロダモ、イヌガシ

　　　　　　　　ハマビワ属—ハマビワ

クルミ科　　　　　クルミ属　—オニグルミ、

　　　　　　　　ノグルミ属　　外見はクルミらしくないが、
　　　　　　　　　　クルミ　科と判断したのはシーボルト
　　　　　　　サワグルミ属
クワ科　　　　クワ属
　　　　　　　コウゾ属
　　　　　　　イチジク属

ゴマノハグサ科：２６９属５１００種、シソ目に属する。シソ科と同じ唇状花
　　　　　　　だが、子房は２室で中軸胎座に多数の胚珠がつく。シソ科の
　　　　　　　子房は４室で、それぞれに１個だけ胚珠を含む。シソ科もゴ
　　　　　　　マノハグサ科も本来は５数性であるが、両科とも雄蕊が退化
　　　　　　　して数が減少する傾向がある。オオイヌノフグリの雄蕊２本
　　　　　　　のように。ほとんどは草本だがキリは木本。

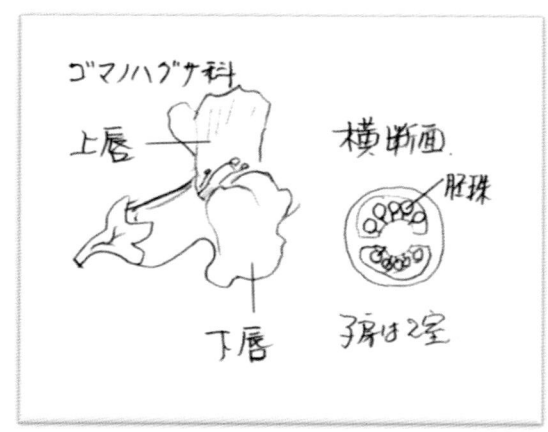

サトイモ科：（オモダカ目）１０５属２５００種、おもに熱帯、亜熱帯に分布。仏炎苞に包まれて小さい花は肉質の太い柄を包むように
　　　　　　一面にならんで肉穂花序をつくる。テンナンショウ属のように、穂の上部に花のつかない付属体をつけるものが
　　　　　　ある。葉は単子葉にはめずらしく幅が広いものが多い。
　　　　　　ショウブ、セキショウ、は新エングラー体系でオモダカ目サトイモ科であるが、ＡＰＧではショウブ目、ショ
　　　　　　ウブ科。ハナショウブ、ニワゼキショウはキジカクシ目（スギカズラ目）アヤメ科で花が全く違う。

サルトリイバラ科
シソ科　　：（２５０属７００種）唇状花、対生の葉序、茎が四角柱とわかり
　　　　　　やすい科。ハーブのほとんど。ゴマノハグサ科との比較。
タデ科
ツツジ科：　ＡＰＧで１２５属４０００種ツツジ属のツツジ、サツキ、
　　　　　　シャクナゲなど。ドウダンツツジ、カルミア、エリカ、アセビ。
　　　　　　スノキ属（Vaccinium）のブルーベリー、シャシャンボ、
　　　　　　クランベリー（ツルコケモモ）、コケモモ、アクシバ、
　　　　　　ナツハゼ

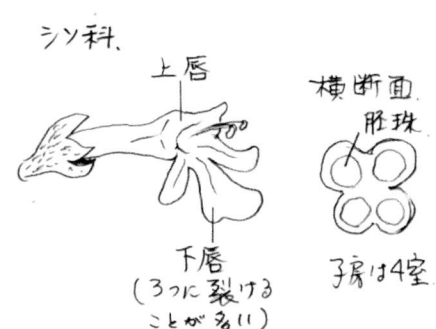

ツバキ科　：ナツツバキ属―ナツツバキ
　　　　　　ヒメツバキ属―ヒメツバキ（イジュ）分類不確定
　　　　　　ツバキ属（Camellia）―ツバキ（japonica）、サザンカ(sasanqua)、
　　　　　　　　チャノキ(sinensis)、ヤブツバキ
　　　　　　ヒサカキサザンカ属―ヒサカキサザンカ？
トウダイグサ科：（ユーホルビア科）３００属７５００種の大きな科、とても特異な
　　　　　　杯状花序をした花が多い。双子葉植物でありながら３心皮の３数性。
　　　　　　乳液はユーホルビンなどを含み有毒なものが多い。世界一危険な木、
　　　　　　マンチニールや、猛毒なタンパク、リシンを持つトウゴマ（ヒマ）も
　　　　　　この科。キャッサバ、パラゴムノキ、アブラギリ、ナンキンハゼ
　　　　　　、ポインセチア、ハツユキソウ、ハナキリン、シラキ、コミカンソウ

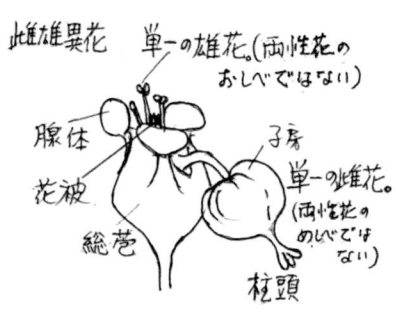

ナス科　：　　　　ナス属―ワルナスビ、[トマト]、[ナス]、ペピーノ、
　　　　　　　　　　　　イヌホウズキ、[ジャガイモ]、タマサンゴ
　　　　　　　　トウガラシ属―トウガラシ（[ピーマン]、パプリカ）
　　　　　　　　タバコ属―[タバコ]
　　　　　　　　チョウセンアサガオ属―チョウセンアサガオ、アメリカ
　　　　　　　　　　　　　　　チョウセンアサガオ、
　　　　　　　　　　　　シロバナヨウシュチョウセンアサガオ
　　　　　　　　キダチチョウセンアサガオ属―ダチュラ
　　　　　　　　　　　　　　（エンジェルストランペット）
　　　　　　　　ホオズキ属―ホオズキ
　　　　　　　　ペチュニア属―[ペチュニア、サフィニア]
　　　　　　　　ハシリドコロ属―ハシリドコロ
　　　　　　　　ベラドンナ属―ベラドンナ
　　　　　　　　クコ属―クコ
　　　　　　　　カリブラコア属―ミリオンベル

（手書きメモ：両性花、花冠は五裂　雄ずいは5本　子房上位、アルカロイドを含み毒性植物多い。）

バラ科　　　　１２６属３４００種。１９８０年クロンキストによって定義された形態的な分類基準で、その特徴は「花は普通両性、花被片は５が基準、雄蕊は１０本ないし多数あり、雌蕊は１本から多数分立するものまである。放射対称、ガクの下部は合着して筒状。葉は単葉または複葉で根本に托葉が一対ある。」ＡＰＧでは形態的な定義は記されていない。
　　　　　　普通サクラ亜科、バラ亜科、ナシ亜科、シモツケ亜科に分類される（３つに分類する説もある）。

ヒノキ科：
ヒルガオ科
ヒユ科
フウロウ科：
　　　　　　オランダフウロウソウ属（羽状複葉）―オランダフウロウ
　　　　　　フウロウソウ属（単葉深い５裂）―アメリカフウロウソウ、乙女フウロウ、チシマフウロウ、[ゲンノショウコ]、ミツバフ
　　　　　　　　　　ウロウ、イブキフウロウ、ハクサンフウロウ
　　　　　　ペラルゴニュウム属（テンジクアオイ属）―旧ゼラニュウム

ブナ科（５属）
　　　　　　クリ属（１、計８）―クリ
　　　　　　シイ属（計１３０）―ツブラジイ、スダジイ
　　　　　　ブナ属（８〜１４）―ブナ、イヌブナ
　　　　　　マテバシイ属（２、計３４０）―マテバシイ、シリブカガシ
　　　　　　コナラ属┬楢（なら）[コナラ亜属]　落葉、うろこ状殻斗・・・コナラ、ミズナラ、カシワ、ナラガシワ、アベマキ、
　　　　　　　　　　│　　　　　　　　　　　　　　　　　　　　　　　　クヌギ、ウバメガシ（本種だけ常緑）
　　　　　　　　　　└樫（かし）[アカガシ亜属]　常緑、わっか状殻斗・・・アラカシ、シラカシ、アカガシ、イチイガシ、ツク
　　　　　　　　　　　　　　　　　　　　　　　　　　　　　　　　　　　バネガシ、ウラジロガシ、ハナガガシ

マメ科（７４５属１９５００種）　マメ亜科・・・いわゆる蝶形花

　　　　　　　　　　　　　　ジャケツイバラ亜科・・・５花弁花
　　　　　　　　　　　　　　　　サイカチ、センナなど
　　　　　　　　　　　　　　ネムノキ亜科・・・花被片小さい
　　　　　　　　　　　　　　　　ネムノキ、オジギソウ、
　　　　　　　　　　　　　　　　アカシア（ミモザ）など

ムクロジ科：ムクロジ属、ライチ属、リュウガン属、ランブータン属、カエデ属、トチノキ属
モクレン科：原始被子植物群に属し、古い花の形態を残している。花被、おしべ、めしべが螺旋状に多数ついている。雄蕊は扁平で葉状、
　　　　　心皮は離生している。おもに常緑の木本。
　　　　モクレン亜科・・・モクレン属—モクレン、ハクモクレン、コブシ、タイサンボク、
　　　　　　　　　　　　　　　　　　ホオノキ、タムシバ、オオヤマレンゲ、
　　　　　　　　　　　　　　　　　　オオバオオヤマレンゲ
　　　　　　　　　　　　オガタマノキ属—オガタマノキ
　　　　ユリノキ亜科・・・ユリノキ属—ユリノキ

マツ科：１１属２３０〜２５０種針葉樹の約半数近い。雌花はいわゆるまつぼっくりになる。
　　　　モミ属—モミ、ウラジロモミ、シラビソ、アオミリトドマツ
　　　　ヒマラヤスギ属—ヒマラヤスギ、レバノンスギ
　　　　ユサン属—テッケンユサン（ユサン、アブラスギ）
　　　　カラマツ属—カラマツ、アメリカカラマツ、グイマツ
　　　　マツ属—アカマツ、クロマツ、リュウキュウマツ、ゴヨウマツ、ハイマツ
　　　　トウヒ属—エゾマツ、トウヒ、ハリモミ、ヤツガタケトウヒ、ドイツトウヒ
　　　　トガサワラ属—トガサワラ、ベイマツ（オレゴンパイン）
　　　　ツガ属—ツガ、コメツガ
ミズキ科：葉をちぎると糸を引く、花は小さく４花弁、集散花序。
　　　　ミズキ亜科・・・ウリノキ属、ミズキ属（ミズキ（互生）、クマノミズキ（対生）、サンシュユ）、
　　　　　　　　　　　ヤマボウシ属（ヤマボウシ）、ハナミズキ属、ゴゼンタチバナ属
　　　　ヌマミズキ亜科・・・カンレンボク属、ハンカチノキ属、ヌマミズキ属
モチノキ科：２種６００種あり。日本にはモチノキ属のみ２３種あり。花は小さく集散花序。子房上位。果実はイヌツゲ以外は赤い核果。
　　　　　鳥黐を作る。。
ラン科：ラン目はＡＰＧではなくなった。キジカクシ目（単子葉植物のアスパラガスの仲間）の中にラン科、アヤメ科、ワスレグサ科（キ
　　　　スゲ、ヘメロカリス、カンゾウなど）ヒガンバナ科、クサスギカズラ科として入った。形態的にはわかりにくい。
ロウバイ科：（クスノキ目）ロウバイ属 ― ロウバイ、ソシンロウバイ
ユリ科：

馬見丘陵公園で観察される、薬用植物(カッコ内は生薬名)漢＝漢方薬、民＝民間薬

　脳梗塞の後、血液をサラサラにするためにアスピリンを毎日、少量服用しているひともいます。むかしアスピリンは柳の枝に含まれるサリチル酸から作られました。このように、現在の医薬品も薬用植物に起源をもつものが多いのです。道端にある植物もあなどるなかれ、ですね。八角からタミフルをつくり、イチョウ葉から認知症の薬も作ります(ドイツ)。

　薬用植物は生で用いることもありますが、保存や持ち運びを考えて乾燥などの加工をします。このように加工調整されたものが**生薬(しょうやく)**です。　漢方薬、民間薬の双方で利用されるものが和漢薬と言われています。
　民間薬と違い、漢方薬は単独では使わない。何種類かの生薬を組み合わせて漢方方剤とする。葛根湯(9)の例、参照。
　インストラクターは医療行為はできませんので、「〜は○○に効きます」とは言いません。

　都市公園と言えども、これら以外にも、たくさんの有用植物がみつかると思います。

1、アオキ、葉には苦味健胃作用があるとされ、民間薬の陀羅尼助に配合される。

2、アサガオ(牽牛子けんごし)民、中国原産、遣唐使により伝えられたとする。種子を薬用にする。この種子のお礼に牛を牽いていったという話に由来する牽牛子という生薬名がある。便秘症(はげしい下剤となる)急性関節炎、痔疾、脚気、浮腫に効くとされる。漢方薬の生薬ではないので、なにかを配合した漢方方剤はない。単独でつかう。

3、アカメガシワ、民、樹皮は日本薬局方記載の生薬、煎じて胃潰瘍、十二指腸潰瘍、胃酸過多に効果があるとされる。果実の軟針は駆虫剤に用いる。「○○かしわ」なので甑(こしき)で飯を炊く(蒸す)ときに使った葉。

4、アケビ(木通もくつう)漢、薬用にする木部(木通)にヘデラゲニン、オレアノール酸やその他カリウム塩がふくまれる。木通は消炎性の利尿薬で腎臓炎、尿道炎、膀胱炎などに効くとされている。当帰四逆加呉茱萸生姜湯など多数の漢方薬に配合されている。

5、イノコズチ(牛膝ごしつ)漢、どこにでもはえる道端の雑草。果実は衣服について運ばれる。根にはサポニン、各種アミノ酸、糖類、β—シテステロール、多量のカリウム塩、粘液質などをふくむ。利尿、浄血、通経作用がある、とされている。中将湯などの家庭漢方薬にもつかわれる。

6、オオバコ(車前子、(草))漢、花期の全草を乾燥する。去痰、鎮咳、利尿

7、カキ、民、葉にビタミン、ミネラル、フラボノイドなどを含み、血管強化の作用ありとされ、柿葉茶がある。

8、カリン、民、和木瓜(わもっか)ふるから喉の炎症抑制、咳止め、利尿にもちいられてきた。

9、クズ(葛根)、漢、クズの根、ヒトの太ももくらいになる。葛デンプンを10〜14%ふくむ。ほかイソフラボンとその配糖体であるダイジンなどをふくみ、鎮痛、鎮痙作用がある。風邪をひいたときにのむ漢方薬の葛根湯は葛根以外に麻黄(まおう)、生姜(しょうきょう)、大棗(たいそう)、桂皮(けいひ)、芍薬(しゃくやく)、甘草(かんぞう)などを加えたもの。

10、クチナシ(山梔子さんしし)漢、コクチナシ共に果実を使う。果実の黄色色素はクロチンでサフランと同じ。ラーメン、タクアンなどの食品の天然色素として使う。消炎、胸の苦しみ、黄疸に効くとされる。黄連解毒湯などの漢方薬に使う。

11、クヌギ（ぼくそく）漢、クヌギの樹皮を削ったもの、血液の循環障害、皮膚の化膿性疾患など、十味敗毒湯の漢方薬に使用。縄文時代はドングリはあく抜きして食料、樹皮やドングリの殻は染料につかわれた。養蚕以前のクヌギの葉にヤママユを付けて飼育する方法（照葉樹林文化）があった。

12、クワ（桑白皮そうはくひ）漢、クワの根皮のコルクをはいで天日乾燥させたもの。成分としては根皮にはアミリン、シテストロール、パルミチン酸、ステアリン酸など。消炎、利尿、咳止め、浄血、鎮痛薬。俗にクワの木の箸で食事をすると中気にかからないとの話がある。多数の漢方薬のなかに配合されている。葉や小枝を焙じてお茶代わりに飲むと、緩下、利尿作用、中気を予防すると言われている。

13、コブシ（辛夷しんい）漢、Magnolia kobus　開花する前のつぼみを採取、乾燥。特有のにおい、辛くやや苦い。鎮静、鎮痛、鎮咳、鼻炎、蓄膿症、頭痛など。

14、ササ、ササを火で焙り熱湯へいれるとササ茶ができる。野外活動の時など最適。医薬的効果は？

15、サルトリイバラ（山帰来）、漢、葉を見るとわかるが、並行脈の単子葉植物、シオデ科。別名、土茯苓（どぶくりょう）＝中国から輸入しているものはケナシサルトリイバラで正規のものとされる（日本薬局方でのきまり）。根を使う。解毒薬、「むかし、山で病気になった者が、この根で治癒し、無事山から帰ってきたから、山帰来」などの話あり。

16、サルノコシカケ

17、サンシュユ（山茱萸さんしゅゆ）漢、中国原産、ミズキ科。成熟した偽果を採取し、種子を取り除き乾燥する。ロガニン。止汗、滋養強壮、血糖値降下、脂質過酸化抑制、抗アレルギー、肝機能降下抑制などとされる。

18、ジャノヒゲ（麦門冬ばくもんとう）漢、ユリ科の多年草、根の膨大部、貯蔵根を用いる。止渇、強壮、鎮咳、去痰、鎮静に用いる。麦門冬湯などの漢方薬。ヤブランは大麦門冬という。

19、タンポポ（蒲公英ほこうえい）漢、根をあらい乾燥したものを蒲公英根といい、漢方でつかわれる。

20、ツバキ　有用植物として、ツバキ油は和製オリーブオイルとして高級食用油など、高価。灰は日本酒製造に最適と言われている。灰はその他媒染用にも。

21、ドクダミ（十薬、重薬）民、漢方薬ではない。日本の三大民間薬（ゲンノショウコ、センブリ）のひとつ、においの成分はデカノイルアセトアルデヒドとラウリンアルデヒドでカビの発育を阻止し、白癬菌、すなわちいんきん、たむし、水虫に効くとされている。開花期に切り取って日に干し（アルデヒドが飛んで無臭）、たくわえる。強心作用、利尿作用、毛細血管の強化作用ありとする。根にはこの作用はないとされる。民間薬だが日本薬局方にのっている。

22、ナルコユリ（黄精）、民、日本原産のユリ科多年草、根茎使用、滋養強壮用とする。小林一茶もこの黄精を愛飲したといわれている。現在も種々の強壮ドリンクに配合されている。

23、ヤマノイモ（山薬さんやく）、漢、ジネンジョのこと、滋養強壮、止瀉、鎮咳、

21、ヨモギ（艾葉がいよう）漢、野原、道端に生える雑草。葉にはシオネールなどの精油のほか酵素や多糖類、ビタミン、ミネラルを含む。子宮出欠、帯下、浄血、腹痛、痔の出血などに効くとされている。茎葉を浴湯料にもつかう。切り傷、虫刺されに葉の生汁を用いる。葉からお灸につかうモグサを作る。

万葉集に詠われた植物

　森林インストラクターは万葉集の歌そのものの文学的解釈はしません。それは森林インストラクターの守備範囲を超えているし、そんな力はありません。森林インストラクターとしては、万葉の昔にどのような植物があり、どのような形で人々の生活に関わっていたかが関心のあるところです。現代人とは違う、生活に根ざした自然観がうかがえます。

　全4500首のうち約1500首は草、木、花に関する歌であるといわれています。

　このプリントは万葉植物園で使ったものですが、どこの場所でも使えるように、植物はアイウエオ順に並べてあります。植物の説明をするのがこのプリントの目的です。(口語訳については万葉集研究家の垣崎　仁志氏のご協力によります。)

　万葉集に詠われている植物は諸説ありますが166種とされています。植物の出現頻度は以下のとおりです。

①位、ハギ、　138首　　⑥位、スゲ、　44首　　⑪位、アサ、26首　　15位、ウノハナ、22首
2位、ウメ、　118　　　⑦位、ススキ、43　　　⑪位、ナデシコ、26　⑯位、(マ)コモ、22
③位、マツ、　 81　　　⑧位、サクラ、42　　　⑪位、イネ、26　　　⑱位、タケ、　　19
4位、タチバナ、66　　　⑨位、ヤナギ、39　　　14位、クレナイ、23　⑲位、クズ、　　17
⑤位、アシ、　 47　　　⑩位、チガヤ、26　　　⑮位、フジ、22　　　⑲位、ヤマブキ、17

　森林インストラクターから見ると、これらの植物種は魏志倭人伝(239年)的な照葉樹林の原始林を代表するものではなく、痩せたアカマツ林などの二次林化した東大寺山堺四至図(756年)的な里山の植物風景が思い浮かびます。特に〇印。

1、アオイ・・・フユアオイの項参照
2、アカネ　　アカネ科、道端に生えるつる性の草本、葉は4輪生するが、2枚だけが葉、その根から茜色の染料をとる。灰汁を媒染剤として、根の汁を染料に緋色に染めるのが茜染めである。「あかね」と「ぬばたま」は枕詞として出てくるが、植物そのものを詠ったものは無い。西洋アカネは赤色染料アリザリンを含むが、日本のものはプソイドプルプリンという物質を含む。根は漢方で茜草(せんそう)、茜根という。
　　　　　　あかねさす　紫野行き　標野行き　野守は見ずや　君が袖振る　　　額田王(ぬかたのおほきみ)　巻1・20
3、アカメガシワ　(古名　ひさき、あからがしは)トウダイグサ科　雌雄異株
　　　　　　烏玉(ぬばたま)の夜の更けぬれば久木(ひさき)生ふる清き川原に千鳥しば鳴く　　山部赤人(やまべのあかひと)　巻6・925
　　　　(ぬばたま(ヒオウギの真っ黒い種)は夜の枕詞、)
　　　　　　稲見野(いなみの)の安可良我之波(あからがしは)は時はあれど君を吾が思ふ時は実無(さねな)し　　安宿王(あすかべのおほきみ)　巻20・4301
　　　　(アカメガシワの赤くなる時期は限られているが、あなたを恋するのは時期に限りがありません)、この木の芽が赤くなるのは春で、夏には葉の赤みが消えることを万葉人はよく観察し、知っている。
　　　　　ここには、甑(こしき)に敷く「かしは」の歌は無いが、「かしは」は「飯炊く葉(いいかし)」の意味である。アカメガシワ、コノテガシワ(針葉樹)、カシワ、ナラガシワ、ホオガシワ(ホオノキ)すべて炊葉(かしは)の意。
　　　　　アカメカシワはどこにでもある平凡な木で、古くは炊葉(かしは)であり、飯盛葉であった。先駆植物(パイオニアプランツ)としてすばやく荒れ地に発生しながら、比較的長寿木であり、その埋土種子は百年近く生きるという。さらに、樹皮は整腸薬、胃潰瘍、十二指腸潰瘍治療薬(ベルゲニン)の薬用植物である。平凡すぎる木だが昔から人々の役に立ってきた。生活に密着した植物だが上の2首は生活感は無い。
4、アケビ　　(古名、さのかた)
5、アサ　　アサ科、いろいろな麻がある。大麻(たいま)はマリファナなど麻薬成分がある麻、現在栽培には制約がある。
　　　　　　麻衣(あさごろも)　着ればなつかし　紀の国の　妹背(いもせ)の山に　麻蒔く吾妹(あさまくわぎも)　　藤原卿(ふじはらのまへつきみ)　巻7・1195
6、アサガオ　　(古名　あさがほ、キキョウ説が強い、他にムクゲ、アサガオ、ヒルガオ説あり)
　　　　　　朝顔(あさがほ)は　朝露(あさつゆ)負ひて　咲くといえど　夕影(ゆうかげ)にこそ　咲きまさりけれ　　詠み人不詳　巻10・104

(朝顔は朝露を浴びて咲くというけれども、夕方の光の中でこそ一層咲き誇っている)これはキキョウ説

中国ではアサガオを牽牛という。その種は牽牛子という民間薬。遣唐使により伝えられたとする。

この薬のお礼に牛を牽いていったことが由来になっている。アサガオの花の鑑賞は江戸時代以降。

7、アジサイ、安治佐為の八重咲く如くやつ代にをいませわが背子見つつ偲はむ　　橘　諸兄　　巻20・4448

(アジサイの花が幾重にも重なりあって咲くようにいつまでも栄えてください。花を見るたびにあなたを懐かしく思いましょう。)

アジサイはガクアジサイの変異種とされている。「八重咲く」という意味からして、ガクアジイではなく、アジサイを指している。アジサイがすでに当時から存在していたことを示している。

「紫陽花」は後世に中国の別の植物の名を誤って付けたとされている。

アジサイは日本固有種。学名Hydrangea macrophylla Thunberg （現在はシーボルトのオタクサが学名ではない。）

8、アシ　　別名ヨシ、池沼、川岸などで地下茎で増えて群生する。

葦辺行く　鴨の羽がひに　霜降りて　寒き夕べは　大和し思ほゆ　　志貴皇子　　巻1・64

(難波の地（難波宮）に旅して、そこの葦原に飛びわたる鴨の翼に、霜降るほどの寒い夕べには、大和の家郷が思い出されてならない。鴨でも共寝をするというのにという意も含まれている。斎藤茂吉)

茎はヨシズ、すだれ、屋根材、笙、ひちりきに、押しつぶしてむしろに、若い芽はタケノコのように食用にした。

今と違って有用植物。

和歌の浦に潮満ち来れば潟を無み葦辺をさして鶴鳴きわたる　　山部赤人　　巻6・919

9、アシビ、(古名あせび)ツツジ科アセビ属、10首、毒性植物、葉を煎じて殺虫剤にした。アセボトキシン(グラヤノトキシン

池水に　影さへ見えて　咲きにほふ　馬酔木の花を　袖にこきれな　　大伴家持　　巻20・4522

(池の水に映って咲き誇っている花影も一緒に、しごいて袖の中にいれてしまおう。)アセビは花も毒

磯の上に　生ふるあしびを　手折らめど　見すべき君が　ありと言はなくに　　大伯皇女　　巻2・166

(岩のほとりに生えているアセビを手折りたいけれど、それを見せるべきあなたがこの世にいるわけではないのに。亡き弟、大津皇子を思い悲しい気持ちを詠んでいる)

万葉集には10首の「あしび」が詠まれているが、6首に「馬酔木」の漢字がすでにあてられている。奈良朝に大陸の文化をもたらした渡来人は5世紀には馬を連れてきた。大事な馬がアセビを食ってアセボトキシンで中毒を起こすので、あしびの発音に近い馬酔木(ma-sei-mu)をあて、注意を払ったという説あり(前川文夫説)。

10、アワ　　（古名　あは）粟、稲作以前からの作物、救荒作物として長い間つくられてきた。

ちはやぶる　神の社し　無かりせば　春日の野辺に　粟蒔かましを　　娘子　　巻3・404

(神の社さえそこになければ、春日の野辺に粟を蒔きたいのですが。赤麻呂の奥さんがいなければ、あなたにお会いしたいのですが、という意味が込められている。)「粟蒔かし」と「逢まかし」がかけてある。エノコログサがアワの原種と言われている。

11、イネと田　　稲搗けば　かかる我が手を　今夜もか　殿の若子が　取りて嘆かむ　　巻14・3459

(稲を搗いて荒れた私の手を、今夜も館の若君がお取りになって、ふびんだと悲しむでしょうか)

直接、稲を詠ったものではなく、「田」とか「刈り入れ」を詠ったものはたくさんある。下級官人は半官半農だった。稲作は殿上人にはわからない、大変な作業なのだ。

秋田刈る　仮廬もいまだ　壊たねば　雁が音寒し　霜も置きぬがに　　忌部首黒麻呂　　巻8・1556

(秋の田を刈る、仮廬もまだ取り壊していないのに・・・、雁の音が寒々と、なんと霜もふらんばかり)

奈良時代、平城京につとめる律令官人には田仮という農繁休暇が春の田植と秋の稲刈り（旧暦の5月と8月）の時期に 15日ずつ保障されていた(仮寧令)。半官半農の生活だった。口分田不足で必ずしも住んでいる近くに田が割り当てられるのではないので、田んぼが遠い場合は仮廬(かりいほ、とも読む。田屋も田廬もおなじも

の）という仮の農作業小屋に寝泊まりして、家族と別れて仮寝したりした。仮廬での旅寝の苦しさの歌も多い。穫り入れが済むとその小屋は簡単に取り壊す。この歌はそのことを歌っている。(「万葉人の奈良」上野誠著、新潮選書。)＊

12、イヌマキ

13、イチイ

14、イチイガシ　古代から人々の近くで利用されたはずなのに万葉集にはただの一首のみ。ドングリ関係は極めて少ない。

15、イヌビワ

16、イチョウ　神社などに植えてあるので、古くから日本にある木とおもわれて、古名の「ちち」をイチョウと判断するが、鎌倉時代あたりに日本へはいってきたので、当然のことながら万葉集には無いはず。

17、ウツギ　卯の花、として詠まれている。

　　卯の花の咲き散る岳ゆほととぎす鳴きてさ渡る君は聞きつや　　詠み人不詳、巻10・1976
　　鶯の通う垣根の卯の花の厭き事あれや君が来まさね　　詠み人不詳、巻10・1988

夏の歌として、卯の花とホトトギスが詠みこまれている歌が17首もある。戦前の唱歌「夏は来ぬ」の起源は古い。また、鶯の巣にホトトギスが托卵をする生態をすでに知っていた歌がある（九・一七五五）。

18、ウメ　　春されば　まづ咲くやどの　梅の花　ひとり見つつや　春日暮らさむ　　山上憶良、巻5・818

（春が来れば一番に咲く庭の梅の花を、一人ながめながら春の長い一日を過ごすのだろうか）中西氏は憶良に自然を愛でたり、自然描写を詠う自然詠は無いとする。これはウメを詠ったのではなく孤独を詠ったものだとする。

日本古来の植物であるように思えるが中国から伝来したもの。古事記、日本書紀には出てこないし、また万葉集でも古歌で占められる巻一、二にはなく、7〜8世紀初頭に活躍した柿本人麻呂は詠んでいない。（別の話だが万葉集に「柿」は出てこない。柿本人麻呂がいるのに。）ウメは117首読まれて、ハギの138首についで二番目に多い。ウメは庶民の旋頭歌や東歌には一首も詠まれていない。雅の貴族の花であった。

19、ウリ
　　瓜食めば子ども思ほゆ　栗食めばまして偲はゆいづくより来到り
　　　しものぞ眼交にもとな懸りて安眠し寝さぬ
　　銀も金も玉も何せむに勝れる宝子に及かめやも
　　　　　　山之憶良　巻5・802、803

20、ウワミズザクラ

21、ウルシ　樹木のウルシは歌には無い。
　　漆器は縄文時代からあった。アジアの照葉樹林帯に自生する木。英語で陶磁器は china　漆器は japan

22、エノキ　ニレ科（APGではアサ科）　実は小さいが人が食べてもはっきりした甘みがあり、鳥にも好物であることが知られていた。わが門の　榎の実もりはむ百千鳥　千鳥は来れど　君そ来まさぬ　　詠み人不詳　巻16・3872
（恋人を待つ気持ちを素直に読んでいる）

23、エビズル

24、エゴノキ（古名　ちさ）

25、オギ、　荻、今の人はススキ、オギ、アシの区別はつかないが、万葉人ははっきり区別している。
　　妹なろが　使ふ川津のささら荻　あしと人言　語りよらしも　　　　東歌　巻14・3446
（あの娘が使っている洗い場あたりに生えている小さいオギ（荻）をアシ（葦）と誰かが言うように　彼女のことを悪く言ったとしても、私は何とも思いませんよ。）

26、カシワ　「炊く葉」の説明はアカメガシワの項参照。甑と「炊く葉」との関係図　。甑には底に穴が開いていて、ここに葉をしいて、糯米などを入れて蒸した。それが「炊く葉」＝かしわ。米を蒸して、強飯、それを干してほしい＝乾飯＝糧米

「竈には火気ふき立てず甑にはくもの巣かきて、飯炊ぐことも忘れて

・・・」貧窮問答歌、山上憶良

「常知らぬ道の長路をくれぐれと如何にか行かむ糧米は無しに」
　　　巻5・888

（十八歳の熊凝の死に臨んで、山上憶良の歌。嘗て知らない遥かな黄泉の道をば、おぼつかなくも心悲しく、どうして私は行けばいいのだろうか、糧米も持たずに。）

27、カツラ

28、カラタチ　　枳の棘原刈り除け　倉立てむ　糞遠くまれ　櫛造る刀自
　　　　　　　　　　　　　　　　忌部首、　巻16.3832

（棘のあるからたちの枝を刈り取って、そこへ倉を建てようと思っているのだから、大小便はもっと遠くでしてくれよ、櫛造りのおかみさんたちよ）

内容はふざけたものである。歌の内容はさまざまである。その落差におどろく。

29、カラムシ（古名　むし）

　　　　むしぶすま　なごやが下に臥せれども　妹とし寝ねば肌し寒しも　藤厚麿　巻4・524

魏志倭人伝にも出てくる。中国字で苧麻と書く。現在でも越後縮、上布、としてあり。

30、カエデ　（かへるで）カエデ科　当時は多種あるカエデをひっくるめて「かへで」とした。万葉集には2首しかない。

　　　　わが屋前の黄変つ蛙手見る毎に妹を懸けつつ恋ひぬ日は無し　大伴田村大嬢、巻8・1623

31、キク　どういうわけか万葉集には出てこない。ヨメナ（古名うはぎ）はキク科だが。ノジギク（ももよぐさ）はでてくる。

32、キキョウ（古名　あさがほ説が有力、アサガオ参照）ムクゲ説、アサガオ説、ヒルガオ説などあるが夕方まで咲いているのはキキョウ。根は藤原京時代からの薬用植物。

33、キビ　（古名　きみ、黄色い実の意）黍、吉備＊

黍または吉備団子、米同様ウルチ（キビ飯など）とモチ種（酒や餅に）がある。歌はフユアオイ参照。

34、クスノキ　古事記、日本書紀、風土記にはクスノキノの記述はあるが、万葉集にはない。特に日本の南西部には巨木がたくさんあるのに。

35、クズ　マメ科　山野に多量に存在し、食料（くず）、衣類（葛布）、薬（葛根湯）となり、当時の生活に密着した植物であった。20首ある。当時の繊維はまだ木綿は無く、コウゾ（たへ）とアサ（麻）が一般で、これより粗末なものにクズ（葛布）とフジ（藤布）の布があった。葛布は今でも掛川市で生産されている。江戸時代には袴、合羽につかわれ、明治には襖紙などに利用された。丈夫なので蹴鞠袴にも。採集時期は六～八月で歌に一致している。発酵させ、手間のかかる作業。水に強い繊維。葛を採取する姿は当時はよく見られた風景のはず。葛か、藤か選択に迷うさまを「葛藤」という。

採取→蒸煮→発酵→水洗→芯抜き→葛苧仕上げ→油垢とり→乾燥→葛づくり

ほととぎす　鳴く声聞くや　卯の花の　咲き散る岳に　田葛引く少女　　詠み人不詳　巻10・1942

（卯の花の咲くころに、葛を採取したと詠んでいる）が、大変な作業であったでしょう。

36、クチナシ　日本書紀、風土記には記載がある。花の香りもよく、染料にも使用されたはずで、万葉に詠われない理由がわからない。

37、クヌギ（古名つるばみ、万葉の中の漢字は橡、現在ではこの漢字はトチノキ）　六首あり。

いずれも衣の色のことを詠んでいる。クヌギとハンノキはタンニンを含み黒～褐～黄褐色の庶民の染料となる。日本書紀には、役人は階位ごとに服の色を決めたことあり。紫～薄い藍色。＊

久礼奈為は移ろふものそ都流波美の馴れにし衣になほ及かめやも　　大伴家持、巻18・4109

くれない、は現在のベニバナのこと。黄色～紅色の染料になる。中国の呉がら伝わったので「呉の藍」がもと。
（つるばみから染めた衣は地味な色で、妻の意味。くれないは遊女のこと。説教の歌。）

38、クリ　ブナ科

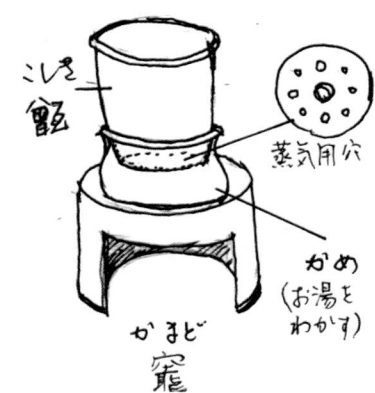

三内丸山遺跡に見られるように、縄文時代は重要な食糧。材も。万葉の時代も高価なもの。日本書紀には吉野川上流の国栖人がクリ、キノコ、アユを献上したとの記録あり。

三栗の　那賀に向かえる　曝井の　絶えず通はむ　そこに妻もが　　　　巻9・1745

（那架に向って流れる曝井の絶えない水のように、私も絶えることなく那賀に通おうと思います。そこに恋人でもいればいいのですが・・・そうすればいつでも会えますから）三栗は一つのイガの中に三つ入っている栗のこと。中央の実を那架にかけた枕詞に使っている。

39、クワ　魏志倭人伝の中に「穀物の稲やカラムシ、麻、蚕の桑を植え、細いカラムシや絹の糸で薄地の布を作る」とある。日本で桑が植えられ養蚕がおこなわれていたことがわかる。

筑波嶺の新桑繭の　衣はあれど　君が御衣しあやに着欲しも　　東歌、　巻14・3350

万葉集の巻十四は東歌だけが集められている。

（絹の柔らかい上着は持っているけれども、それはともかくとして恋人の衣服を身に着けてみたい。という女性の求愛の歌）

40、ケイトウ（古名　からあい、韓の藍の意）ヒユ科

秋さらば　移しもせむと　我が蒔きし　韓藍の花を誰か摘みけむ　　詠み人不詳　　巻7・1362

（秋が来たら染料にしようと私が蒔いておいたケイトウを誰が摘んでしまったのだろう。失恋の歌）

41、ケヤキ（古名つき槻）　ニレ科　弓の材でもあった。斎のついた「いわいつき」「ゆ（い）つき」として記されることもある

42、コウゾ（古名　たへ、たく、ゆふ　）クワ科　ヒメコウゾとカジノキの雑種がコウゾということになっている。コウゾは江戸時代から栽培されたらしいので、万葉の時代にはヒメコウゾしか無かったことになる。

学名 Broussioneta　kazinoki　Sieb.　命名者シーボルトのこと

麻は晒しても白くならないが、コウゾはとても白くなる。樹皮の繊維が非常に強いので丈夫な和紙や繊維にした。木綿とも呼ばれた（木綿の事ではない）

春過ぎて　夏来たるらし　白たへの衣干したり　天の香具山　持統天皇、　巻1・28

（しろたへは衣の枕詞として使われている。このたへの枕詞をコウゾと数えれば植物種として140首になり詠われた中ではハギをこえた一番多い植物になる。）

水沫なす　微き命も　栲縄の　千尋にもがと　願ひ暮らしつ　　山上憶良　　巻5・902

（泡のようにもろくはかない命だけれども布で編んだ縄（栲縄）のように長くなりたいと永遠の命を願っている）

正倉院の和紙は1300年もったが、今の洋紙（いわゆる硫酸紙）は150年しかもたない。和紙は2014年にユネスコの無形文化財に指定された。

43、コウヤマキ

44、コノテガシワ　ヒノキ科　江戸時代に渡来したとされ、古事記、日本書紀、風土記には載っていないはず。しかし万葉集に二首ある。この歌は裏表がわからないコノテガシワをまちがいなく詠っていると思える。また「かしは」の名前はこの万葉の時代しか意味がない。コノテガシワやヒノキは「炊く葉」に最適に思える。コノテ（児手）は球果が幼児の開いた手に似ていることからきている。万葉時代に渡来していたとしか思えない。

奈良山の　児手柏の両面にかにもかくにも妄人の徒　　消奈行文（大学寮の教師）　　巻16・3836

（佞人を誇る歌一首とある。「佞」とは口先がうまいこと、へつらうこと、などの意。奈良山の児手柏の葉のように心が両面になっていて、あっちにもこっちにも都合のいいことを言う媚びへつらう奴らだ）今も昔も変わらない。

45、コナラ（古名　ははそ、なら）　　ブナ科

ミズナラは標高の高い所に生えているので、歌に詠まれたナラはコナラと解釈できる。

下野三鴨の山の小楢のすま妙し児ろは誰が笥か持たむ　　東歌　　巻14・342

（笥とはご飯を盛る食器のこと。コナラのようにかわいいあの娘は結婚してだれのご飯をつくるのだろう）

コナラの萌えたちが優しく美しいのを若い娘にたとえて詠んだ東歌。現代人はコナラには例えないでしょう。

46、五穀 　　　　（稲、粟、稗、大豆、麦）ここ奈良は照葉樹林帯に属するのに稲以外は北方系の食物。オオゲツケヒメ伝
　　　　　　　　説と五穀

47、サトイモ　　（古名 うも）熱帯アジア原産、縄文時代に伝わったとされ、この時代にサトイモはあった。
　　　　　　　　ジャガイモは16世紀にジャカルタから、サツマイモは17世紀に入ってきた。
　　　　　蓮葉は かくこそあるもの 意吉麻呂が 家なるものは 芋の葉にあらし　長忌寸意吉麻呂　巻16・3826
　　　　　（本物のハスの葉はこのようなものだったのですね、どうやら私（意吉麻呂）の家にあるものは似ているけれ
　　　　　ど、サトイモの葉のようです。）これだけの意味では意吉麻呂らしくないつまらない歌になる。

48、サネカズラ　マツブサ科（じつはアウストロバイレア目マツブサ科で、モクレン目より古い植物。花被片はモクレンンと同じ
　　　　　　　　ように螺旋状につく。）夏に咲く花を裏から観察してみると螺旋状もよくわかる。
　　　　　さね葛 後も逢はむと夢のみに 祈誓ひ渡りて 年は経につつ　　　　　　　　巻11・2479
　　　　　「さね葛」は「後も逢はむ」の枕詞に使っている。サネカズラの蔓は夏に伸びたあと、もとにもどってくるように
　　　　　伸びるので、これからの枕詞の意味がわかる。こんなことをよく観察しているものだと感心する。

49、サカキ　　　ツバキ科　　榊は国字
50、サンショウ　ミカン科　　記紀、風土記にはあるが万葉にはない。
51、シイノキ　　ブナ科
　　　　　家にあれば笥に盛る飯を草枕　旅にしあれば椎の葉に盛る　　有間皇子、　巻2・143
　　　　　（家にいれば、ご飯は食器に盛るが、旅の途中だから椎の葉に盛る。・・・だけの訳ではなんともつまらない
　　　　　歌。十九歳、有間皇子が謀反のかどで捕えられ護送中の辞世の歌とわかれば、具体的な椎の葉に盛った飯は
　　　　　せまってくるものがある。）マツの項の歌（2-141）に続く歌。笥とは食器のこと、皇子であるから、たぶん銀製の
　　　　　食器。囲碁の石を入れる容器をいまでも碁笥という、その笥。
　　　　　この歌が残されていることがふしぎ。
　　　　　魏志倭人伝に三世紀当時の日本人は手食をしていたとあり、箸を使うのは7〜8世紀以降とされている。

52、シキミ　　　シキミ科　　1首のみ
　　　　　有毒、とくに果実。線香の香りに使われる。またこの強い匂いが獣類から土葬の死体を守るのにもちいられ
　　　　　たとする。サカキは神前に供えるため「榊」、シキミは仏前に供えるため「梻」が用いられるが、いずれも国
　　　　　字である。シキミがどのように使われていたかはこの歌からはわからない。
　　　　　奥山の之伎美が花の名のごとや しくしく君に恋ひわたりなむ　　大原真人今城　巻20・4476
　　　　　（奥山のシキミの花の名のように　しきりにあなたに恋しつづけていくことでしょう）

53、ジャケツイバラ
54、シャシャンボ
55、スギ　　　　スギ科　　日本固有種、日本書紀にスサノオノミコトは髭を抜いてスギをつくり、胸の毛でヒノキをつくり、尻
　　　　　　　　の毛でマキを作り、眉毛でクスノキを、と自分で木を生んでいく記述あり。スギとクスは舟材に、ヒノキは宮
　　　　　　　　殿造営用に、マキは棺材にとまで指定している。12首のうち9首までが神に関係ある歌で神聖な木とされ
　　　　　　　　る。
　　　　　古の 人の植えけむ 杉が枝に 霞たなびく 春は来ぬらし　柿本人麻呂、　巻10・1814
　　　　　古木の杉木立の間から霞がただようような神秘的な情景が目に浮かぶ。

56、ススキ　　　　すすき　7番目に多く詠われている植物。この時代、土地が人間活動により過度に活用され植生の遷移の
　　　　　　　　　　後退がすすみ、森林ではなく多年草が支配的な草原化していることを示している。
　　　　　　　　　婦負の野の 薄 押しなべ降る雪に宿借る今日し悲しく思ほゆ　　　高市黒人　　巻17・4016

57、スミレ　　　　春の野に菫つみにと来し我そ野をなつかしみ一夜寝にける　　　山部赤人　巻11・1424
　　　　　　　　　春の喜びを詠う歌。が、すみれは草木染や野草として食用にもなった。

58、スモモ　　　　この時代スモモはあったのだ。
　　　　　　　　　我が園の 李の花か 庭に散る はだれのいまだ 残りたるかも　　　大伴家持、巻19・4140
　　　　　　　　　はだれとは薄雪のこと。

59、センダン（古名、あふち）　センダン科、センダン属　五月ごろ淡い紫色の花が咲く。「栴檀は双葉より 芳し」のセンダン
　　　　　　　　　は白檀(ビャクダン科、英サンダルウッド)のこと、インドなどに生育する香木のことで、日本には無い。
　　　　　　　　　　樹皮は苦楝皮（くれんぴ）、実は苦楝子（くれんこ、アカギレに効く）として薬用に使った。
　　　　　大伴旅人が亡くした妻を偲ぶ情を、山上憶良が代わって詠んだもの。万葉集には当人にかわってその気持
　　　　　ちを詠んだものがある。特に山上憶良に、ひとの悲しみを詠ったものがめだつ。23カシワの項にも
　　　　　　　　　妹が見し 阿布知の花の散りぬべし わがなく涙 いまだ干なくに　　　山上憶良　　巻5・798
　　　　　　　　　（妻の死を悲しんで、わが涙の未だ乾かぬうちに、妻が生前喜んで見た庭前の棟の花も散ることであろう、
　　　　　　　　　　逝く歳月の迅きを歎じ）

60、セリ　　　　セリ科、日本の古くからの野菜
　　　　　　　　　あかねさす昼は田賜びてぬばたまの夜の暇に摘める芹これ　　　葛城王（橘諸兄）　巻20・4455
　　　　　　　　　（昼は口分田をわかつ激務の仕事で、夜の暇を見つけて摘んだんだよ、この芹は）
　　　　　　　　　丈夫と 思へるものを 太刀佩きて かにはの田居に 芹子そ摘みける　　　薛妙観命婦　巻20・4456
　　　　　　　　　（あなたは勇ましい立派な男性だと思っておりましたのに、私のために太刀をつけたままの格好でかにわの
　　　　　　　　　　田んぼで芹を積んでくれたのでしょう）　上から目線の歌。

61、タブノキ(古名、つまま)
62、ダイズ
63、ダイダイ　　ミカン科
64、タチバナ　　ミカン科
65、タケ・ササ　未
66、タンポポ　　春の代表的な花であるにもかかわらず、万葉集には見られない。枕草子、源氏物語にも登場しない。江戸時
　　　　　　　　代から。
67、チガヤ（古名あさじ）
　　　　　　　　　春日野の浅茅が上に 思ふ同志 遊ぶ今日の日忘らえめやも　　　　　　　　　巻10・1880
　　　　　　　　　（「野遊」（題詞）。春の日に照らされた春日野の萌えたばかりの 茅の草原、そこに集う老若男女、心通った
　　　　　　　　　仲間たち。忘れられないひと時でしょう。）ヨメナのところにもあるように、「野遊び」をよくしたんだな。いま
　　　　　　　　　の公園内の芝はノシバと言うシバらしい。チガヤはサトウキビと近縁で植物体に糖をためこむ。万葉に穂を
　　　　　　　　　かむ記述がある。花穂を乾燥させたものは強壮剤、根茎(地下茎)は茅根（ぼうこん）とよばれ、利尿剤になる。チマキは本来はササではなく、チガヤで巻いた「茅巻き」だった、の説あり。
　　　　　　　　　「浅茅が原の鬼婆」の話は東京台東区の伝説。奈良公園の「浅茅が原」」とは関係ない。
　　　　　　　　　インドネシアなどで熱帯雨林で焼畑農業をして広大な土地を焼きつくすと、チガヤ草原（アランアラン）と
　　　　　　　　　なって、熱帯雨林にもどらない。その地下茎は健康食品として、都市で売られている。
68、チャ（茶の木）　1191年に僧栄西が中国から持ち帰ったとされるので、万葉人は茶を飲んでいない。登場しない。
69、ツガ

70、ツヅラフジ

71、ツバキ　　ツバキ科　「椿」は国字、漢字の「椿」はチャンチンのこと。「榎」、「萩」、「柊」、「楠」も国字
　　　　　　　巨勢山の　つらつら椿つらつらに　見つつ思はな巨勢の春野を　　坂門人足、　　巻1・54

72、ツゲ

73、ツツジ

74、テイカカズラ（古名いわつな）キョウチクトウ科、液は甘葛（あまずら）
　　　　　「寧楽の 京 の荒れたる墟を 傷 み惜しみて作れる」
　　　　　　　石綱の　また変若ちかへり　青丹よし　奈良の都を　また見なむかも　　　巻6・1046
　　　　（もう一度若返って美しい奈良の都を再び見ることができるだろうか）と恭仁京に遷都されたことで廃墟と化
　　　　した平城京を悲しんで詠っている。

75、ナシ　　　バラ科　古くから栽培されていた。ヤマナシから改良されたとする

76、ナツフジ、（ときじきのふじ「時ならぬフジ」の意）夏にフジより小さめの白い花が咲く。
　　　　　　　わが屋前の　ときじく藤の　めづらしく今も見てしか　妹が笑まひを　　大伴家持　巻8・1627

77、ナンバンギセル（古名おもひぐさ、思草）ススキの根に寄生する。秋に尾花ススキの根元に出る。よく観察している。
　　　　　　　道の辺の　尾花がしたの　思ひ草　今さらになど　物か思はむ　　　　　　　巻10・2270
　　　　（今さら何を思い迷うことがありましょうか。私はあなたを信じ、あなた一人を頼りに思っております）

78、ニラ、（古名、みら）

79、ニワウメ（古名、はねず）

80、ネムノキ

81、ノジギク（古名　ももよぐさ）ノジギクはキクの原種とされている。キクは万葉集に出てこない。

82、ハギ　　　マメ科　139首詠まれ、最も歌数の多い植物。2位ウメ119首、3位マツ81首、
　　　　　　　ハギ、マツ、ススキなどが多く詠まれているということは、当時奈良盆地は鬱蒼とした照葉樹林の原始林で
　　　　　　　はなく、すでに里山化され、現在と同じ、田畑と二次林の広がる情景が浮かぶ。（人口増加、集中、平城京、
　　　　　　　大仏建立など）
　　　　　　　雁がねの　初声聞きて咲き出たる　屋前の秋芽見に来　わが背子　　　　　　巻10・2276
　　　　　　　花札ではハギと猪、鹿と紅葉の組み合わせ、万葉集ではハギは鹿との組わせで23首ある。萩の字は万葉
　　　　　　　集には出てこない。国字とされる。

83、ヒオウギ　（古名　ぬばたま）アヤメ科、種が真っ黒でぬばたまという。黒、夜などの枕詞。歌はアカメガシワの項参照

84、ヒガンバナ　（古名　いちし）天上に咲く花曼珠沙華、毒植物、冬に青々した葉が茂り、初夏から枯れる。古くの外来種
　　　　　　　路の辺の　壱師の花の　いちしろく　人皆知りぬ　わが恋妻を　　　　　　　巻10・2480
　　　　　　　（道端に咲く彼岸花は炎のように真っ赤に咲き、すぐ人の目につく。私の恋しい妻のこともその花のように
　　　　　　　みなに知られてしまった。）「いちしろく」は「はっきりと」の意

85、ヒノキ

86、フジ　　　マメ科、25首詠まれているが、ほとんどは花を詠んでいる。繊維としても2首詠まれている。
　　　　　　　藤布、藤衣、荒たへ、太布、万葉の中では丈夫な作業着として出てくる。現在京都丹後地方では藤布の再
　　　　　　　生の試みをしている。畳のヘリ、せいろの中敷布などに使われた。水に強いので豆腐の絞り袋にも使われ
　　　　　　　た。
　　　　　　　須磨の海人の塩焼き衣の藤衣間遠しあればいまだ着なれぬ　　　大網公人主　　巻3・413
　　　　　　　（藤の衣の目に間隔があるように、女のもとへ通うのも間が遠いので、まだ馴れ親しまない）
　　　　　　　春日野の　藤は散りにて　何をかも　御狩の人の　折りて挿頭さむ　　　　　巻10・1974
　　　　　　　（春日野の藤は散ってしまって御狩りの人は何をかざしに折ることだろう）

87、フユアオイ　（古名　あふひ）アオイ科

　　　梨棗 黍に粟つぎ 延ふ田葛の 後も逢はむと 葵花咲く　　　　　巻16・3834

　　　（梨の花が咲き、棗の実がなり、黍に粟が続いて実るというふうに、あなたに逢いたい。葛のつるが延ってい
　　　くように、後々まで逢おうと思うが、その逢うに縁のある葵の花が咲いている。）「君に逢う」をかけている。
　　　冬葵は古く中国からのもの、葉は野菜として種は薬用として。今では絶滅危惧種。奈良県内の畑でまれに
　　　変種の「オカノリ」として見かけることがある。花は小さくてわかりにくいが、アオイ科
　　　であるので花の構造はハイビスカスと同じ。
　　　　現代人の野菜とはほとんどが西洋野菜。万葉人の野菜とは？。
　　　江戸徳川家の三つ葉葵の紋はウマノスズクサ科のフタバ（双葉）アオイを図案化
　　　したもの。「三つ葉葵」は架空のもので存在しない。

88、ヘクソカズラ　（古名くそかずら）アカネ科（二枚の托葉がある）、別名早乙女花、全草が薬用植物と言われている。

　　　かはらふぢに 延ひおほとける 屎葛 絶へることなく 宮仕せむ　　高宮王　　巻16・3855

　　　（かわらふじの木（サイカチ）にからみついて広がっている屎葛のように絶えることなく、いつまでも宮仕えし
　　　よう）真面目な歌なのか、やけくその歌なのか。

89、ベニバナ（古名　くれなひ（呉の国の藍の意で、くれない）キク科、山形県に多い。シルクロードを渡って来たとされる。

　　　紅の 深染めの衣 色深く 染みにしかばか 忘れかねつる　　　　巻11・2624

　　　（紅の染料が衣にしみ込んで濃い色に染まるように、あなたのことが私の心にしみ込んでしまったせいか忘
　　　れられないのです。）という恋の歌。
　　　藤の木古墳から出土した絹の布がベニバナ染と推定されている。色の美しさと薬効。色素のカルタミンは
　　　血行をよくするという。頬紅にすると血行がよくなる。種子もリノール酸を多く含む。

90、ホオノキ（古名、ほおかしわ）　モクレン科、「ほほがしわ」で二首詠まれている。

　　　「かしわ」なので、「炊く葉」として使われたことを示している。また大きいので飯盛葉として使われた。
　　　がこの歌は、「かしは」としてではなく、おおらかなホオノキの様を詠ったもの。

　　　我が背子が捧げて持てる保寶我之婆あたかも似るか青き蓋　　恵行、巻19・4204

　　　（我が君が捧げ持っているホオガシワはちょうど青い衣笠に似ていることだ）

91、マツ　　マツ科

　　　磐代の 浜松が枝を 引き結び 真幸くあらば また還り見む　　有間皇子　　巻2・141

　　　（51番シイノキの有間皇子の歌（2・142）のひとつ前の歌。自分はかかる身の上で護送されて磐代まで来た
　　　が、いま浜の松の枝を結んで幸を祈っていく。幸いにして無事であることができたら、再びこの結び松をか
　　　えりみよう。）松の枝を結ぶのは、草木を結んで幸福を願う信仰があった。

　　　一つ松 幾代か経ぬる 吹く風の 声の清きは 年深みかも　　市原王、　巻6・1042

　　　土井晩翠の「荒城の月」を思わせる歌

92、マツタケ　（古名　あきのか、秋の香）キノコはこの一首のみ

　　　高松の この峯も狭に 笠立てて 盈ち盛りたる秋の香のよさ　　　巻10・2233

　　　（高松（高円）の、この山の頂も狭いほどにキノコが笠を立てて一面にあふれている秋の香のみごとさよ。この
　　　時代すでに高円山は照葉樹林の原始林ではなく痩せた二次林のマツ林があったことを示している。東大寺
　　　山堺四至図参照。

93、マユミ

94、ミズアオイ　（古名　なぎ）当時ポピュラーな野菜

　　　醤酢に蒜搗き合てて鯛願ふわれにな見えそ水葱の羹　　長忌寸意吉麻呂　　巻16・3829

　　　　　（醤と酢に蒜を混ぜ合わせて鯛を食べたいと思うものを、私に
　　　　　　見せるな、そんな水葱の羹（スープ）なんかを。）
　　　　　醤はもろみのようなもので醤油の原型と言われている。それ
　　　　に酢を合わせたものが醤酢、当時高級な調味料。
　　　　　そこに混ぜ合わせた蒜はニラやニンニクのような香りの強い
　　　　野草。羹はスープのこと。奈良県に古代ひしおを製造して
　　　　いる会社あり。右図　見た目は味噌。

95、ミズメ　　（古名　あずさ）別名ヨグソミネバリ、梓弓は引くの枕詞。強いサ
　　　　　　ロメチールの匂いがする。
　　　　　梓弓　引かばまにまに　依らめども　後の心を　知りかてぬかも　　　　石川郎女　　巻2・98
　　　　　（私の気を引いて誘うならば、あなたの意のままに従いましょう。けれども、その後のあなたのお心がわから
　　　　　　なくて不安です）。

96、ミツマタ　（古名　さきくさ）

97、ムギ　　　この時代、稲作だけでなく、麦も作っていたことがわかる。馬が5世紀にこの国に入ってきているのだから麦
　　　　　　があっても当然かもしれない。春の七草は大陸北方系の麦についてきた雑草と言われている（前川説）
　　　　　馬柵越しに　麦食む駒の　罵らゆれど　なほし恋しく　思いかねつも　　　　　　　巻12・3096
　　　　　（柵越しに馬が青麦を食べると叱られるように、私があの方と逢ったことで親に叱られた。それでもあの方の
　　　　　　ことがなお恋しくて、思うまいと努めても思われてしかたがない。）という恋の歌。

98、ムラサキ　ムラサキ科、根は紫色の染料になる。紫染めには椿の木灰から採った灰汁が必要。
　　　　　託馬野に　生ふる紫草　衣に染め　いまだ着ずして　色に出でにけり　　笠郎女　　巻3・395
　　　　　（笠郎女が大伴家持に贈った歌。託馬野に生えている紫草を着物に染めて、まだ着てもいないのに、人に
　　　　　　に知られてしまいました）と訴えている。　絶滅危惧種。根は生薬、紫根で日本薬局方にあり。紫雲膏

99、モミ（古名おみのき、臣木）

100、モモ　　　バラ科、すでに桃はあったのだ。
　　　　　春の苑　紅にほふ　桃の花　下照る道に　出で立つ少女　　　　　大伴家持　　巻19・4139
　　　　　（春の庭園は紅色に染まって美しい、桃の花が照り輝く道にたたずむ少女よ）

101、ヤナギ

102、ヤマブキ

103、ヨメナ（古名うはぎ）
　　　　　春日野に煙立つ見ゆおとめらし春野のうはぎ摘みて煮らしも　　　　　　　　巻10・1879
　　　　　チガヤのところにあるように「野遊」の歌。おとめらが春日野でヨメナを煮て食べている。こういうことがあっ
　　　　　たんだ。調味料は何だったのかな。

104、ユズリハ　（古名ゆずるは）　トウダイグサ科、
　　　　　古に恋ふる鳥かも弓弦葉の御井の上より鳴きわたりゆく　　　　弓削皇子　　巻2・111
　　　　　（「古に恋ふる鳥」はホトトギスのこと、弓削皇子が無き父の天武天皇を偲んで詠んだものとされる）

105、ワラビ　　イノモトソウ科
　　　　　石走る　垂水の上の　さわらびの　萌え出づる春に　なりにけるかも　　志貴皇子　　巻8・1418
　　　　　（「石走る」は「垂水」の枕詞、巌の面を音を立てて流れ落ちる、小滝のほとりには、もう蕨が萌出ずる春に
　　　　　なった、喜びの気持ちを詠っている。）

106、ヲミナエシ　　（をみなへし）
　　　　　萩の花　尾花　葛花　なでしこの花　をみなえし　また藤袴　朝顔の花　山之上憶良　　巻8・1538

樹木観察オリエンテーリング

☆ もともと、オリエンテーリングは時間と成績を競うものですが、この樹木観察オリエンテーリングはそのようなものではなく、なるべく見て、触って、嗅いで体験して答えて、2時間以内に帰ってきてもらうものです。難しいものはとばして、全部終わらなくても帰ってきてください。1回で全部の問いに答えることは時間的にできませんので、1～3枚答えられれば十分です。

また、季節に合わない設問には答えられなので、とばしてください。

☆ 番号順に回らなくてもいいです。

☆ 解答は終了後渡します。評価は自分でしてください。今までの馬見自然塾で学んだすべてを応用して答えてください。納得いかなければ森林インストラクターと議論してください。採点してもらって点数を出してほしい方は言ってください。

☆ 樹木に番号が書いた袋がぶら下がっています。

渡された白地図内の赤丸の位置に封筒がぶら下がっています。その中に問題用紙が入っています。一枚取り出して、氏名を記入して、答えてください。問題は長かったり、短かったりします。歩いて移動しながら、あるいは立ったまま文章を書いたりスケッチすることはむずかしいことなので、簡単なメモ、簡単な図、またはセロテープで葉を貼り付けるなどでいいです。

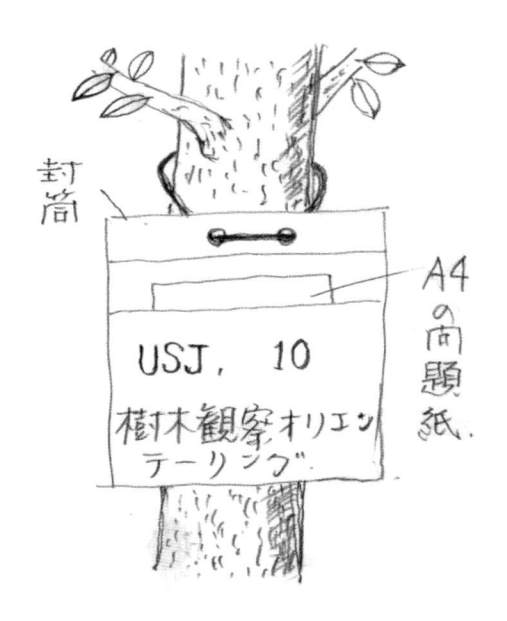

クスノキ　全季節　NO　　　　　　　　　　　　　　　　　氏名

学名 Cinnamomum　camphora

①葉を一枚取り、裏面のスケッチをするか貼り付けてください。ダニ室を記入してください。次によく似たヤブニッケをスケッチしてください。3主脈がめだつのはクスノキ科の特徴です。クスノキ科に慣れる問題です。

ここからはクスノキの知識を問う問題です。

②学名の属から推測できるクスノキ科の植物の食品名（香辛料）は　　シナモン

③クスノキの葉をもんで匂いを嗅いでみてください。むかしの押入れの中の匂いです。クスノキの根、茎、葉からとれる防虫剤、薬品Aを　樟脳、　しょうのう　という。

　この薬品Aから　カンフル注射液　、　セルロイド　、　火薬　を作った。
　したがって、昔はこの薬品Aは塩や、アルコールのように専売公社が扱っていた。台湾からも輸入していた。

④この防虫剤入りの葉を食う虫がいる。生物界は一筋縄ではいかない。2種類記入。

　　アオスジアゲハ　（蝶）　と　クスサン　（蛾）

⑤近畿地方で、クスノキ科（LAURACEAE）は8属20種ほど知られています。ラテン語の「科」名から推測できる食品名（香辛料）は　　ローリエ　（月桂樹のこと）

　このクスノキ科は独特な匂いがするものが多いです。この公園の中であなたの知っているクスノキ科の匂いのする樹木の例　をあげてください。　　ヤブニッケイ

⑥クスノキ科の一つにタブノキがあります（この公園には無い）。タブノキ属は別名ワニナシ属ともいいます。ワニナシ属でよく知られている果物は　　アボガド（アボカド）

　（ワニナシという単語から類推してください。）

⑦クスノキの漢字にはふたつある。　楠　、樟　。　国字は　楠

　　（クスノキは南方の木で江戸時代には江戸にクスノキは無かったとされている。）

ケヤキ、古名　つき（槻）、秋　、NO　　　　　　　　　　　　　　氏名

① ケヤキの実が付いた小枝（小枝Aとする）をスケッチしてください。
② 実が付いてない小枝（小枝Bとする）をスケッチしてください。

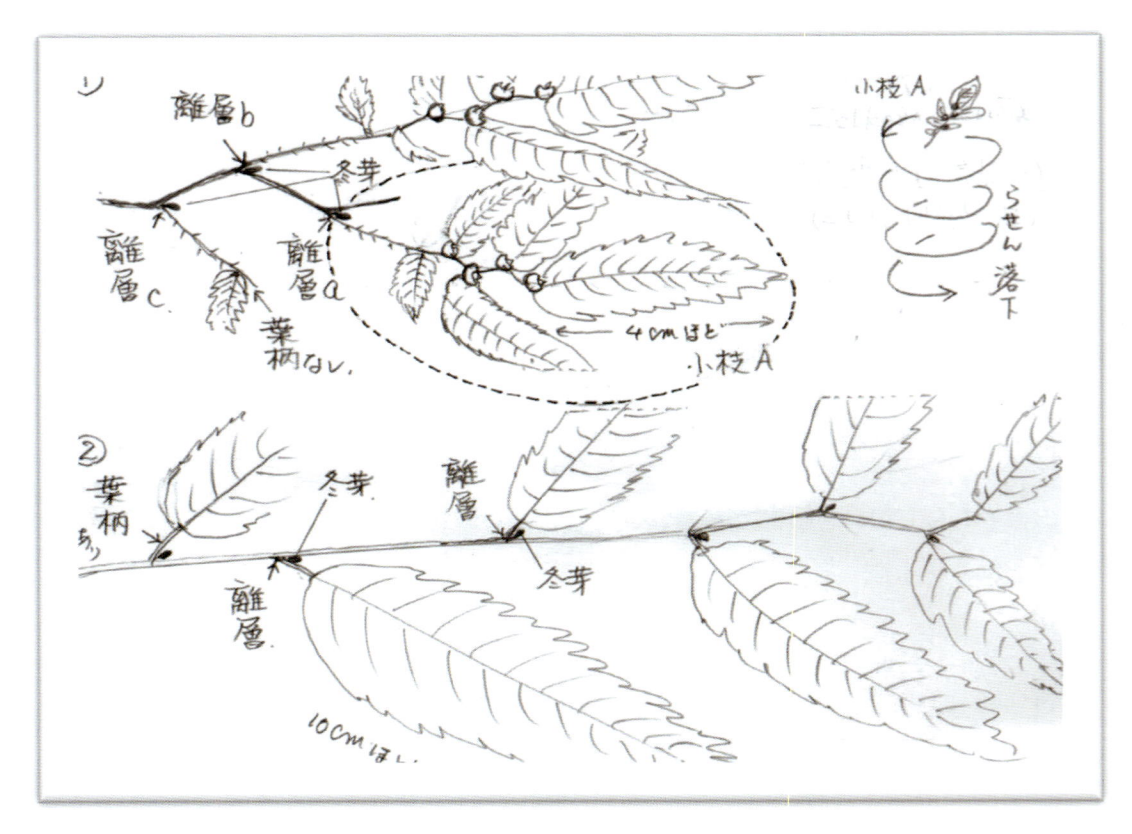

③ この二つの小枝の違いを説明してください。

　小枝Aの葉は最長4cmほどで小さい。小枝Aは離層aからの全長でも10cmほどで、空中に飛び出したとき軽く飛びやすい。先端の葉ほど大きく、基部ほど小さくなっているので螺旋状に回転運動するようにできていて、滞空時間が長く、遠くへ種を飛ばしやすい。一枚一枚の葉には離層はできない。落葉するように進化したのにこのA内だけは落葉しない。冬芽の位置と離層の位置が一致しているので、小枝A全体で一枚の葉のようにできている。

　小枝Bはどの樹木にも見られるように、基部のほうほど、葉が大きく、枝先ほど小さくなる。小枝だけの離層はないので、Bが落枝することはない。葉だけが落ちて冬芽が残る普通の小枝である。

④ ケヤキ、アキニレ、ムクノキ、エノキは以前はニレ科とされてきた。APGでは前の二者はニレ科だが後の二者はアサ科になった。見た目での前者と後者の果実の違いは何か。

果実の形態の違い。前者は堅果または翼果　　、　後者は液果

| シデ、 秋、 NO | 氏名 |

この公園にアカシデとイヌシデ（シロシデ）があります。

① シデとは四手、紙垂のことで、しめ縄に吊るす特定な形に切った紙のことです。この木の果実がシデに似たようにぶら下がっているからついた名前です。

「四手」を思い出して描いてみてください。

② アカシデの果実につく果苞は両手のついた、人形のようにみえて、葉柄が赤い。イヌシデの果苞は鳥の片側の翼のように見える。ふたつのシデの果苞と果実をならべてスケッチしてください。

カバノキ科はブナ目

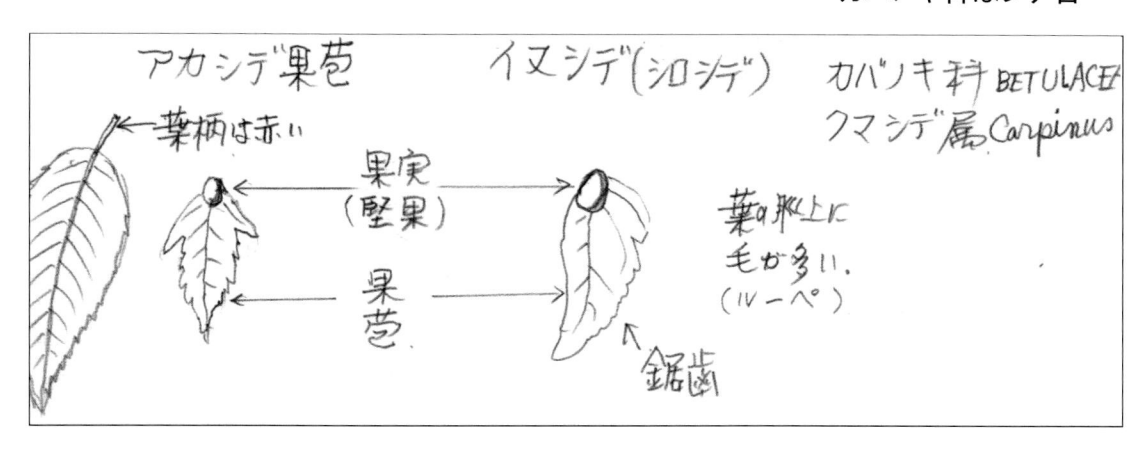

[スケッチ：アカシデ果苞（葉柄は赤い）、イヌシデ（シロシデ）、果実（堅果）、果苞、鋸歯、カバノキ科 BETULACEAE、クマシデ属 Carpinus、葉の脈上に毛が多い（ルーペ）]

③ 公園のこの場所にある、この木はアカシデか、イヌシデか。判断してください。

トチノキ、夏、秋　　NO	氏名

① トチノキ科のトチノキの葉一枚をスケッチしてください。　一枚の葉とはどれか。

<mark>7枚の小葉が集まって、葉柄で茎につながったものが一枚の葉</mark>

② トチノキの葉は対生か互生か。　<mark>対生</mark>

③ トチノキのような手をひろげたような葉を <mark>掌状複葉</mark> という。

④ すこし移動するとモクレン科のホウノキがあります。トチノキと同じくらいおおきい葉のホウノキの葉一枚を描いてください。ホウノキは対生？互生？輪生？　<mark>互生</mark>

⑤ トチノキは日本特産であるが、ヨーロッパにあるセイヨウトチノキを普通 <mark>マロニエ</mark> という。

⑥ セイヨウトチノキ（白花）とアメリカトチノキ（深紅花）のかけ合わせたものがベニバナトチノキです。ベニバナトチノキの実（果実）とトチノキの実（果実）とのおおきな外見上の違いはなにか。（ベニバナトチノキは公園内にあります。）

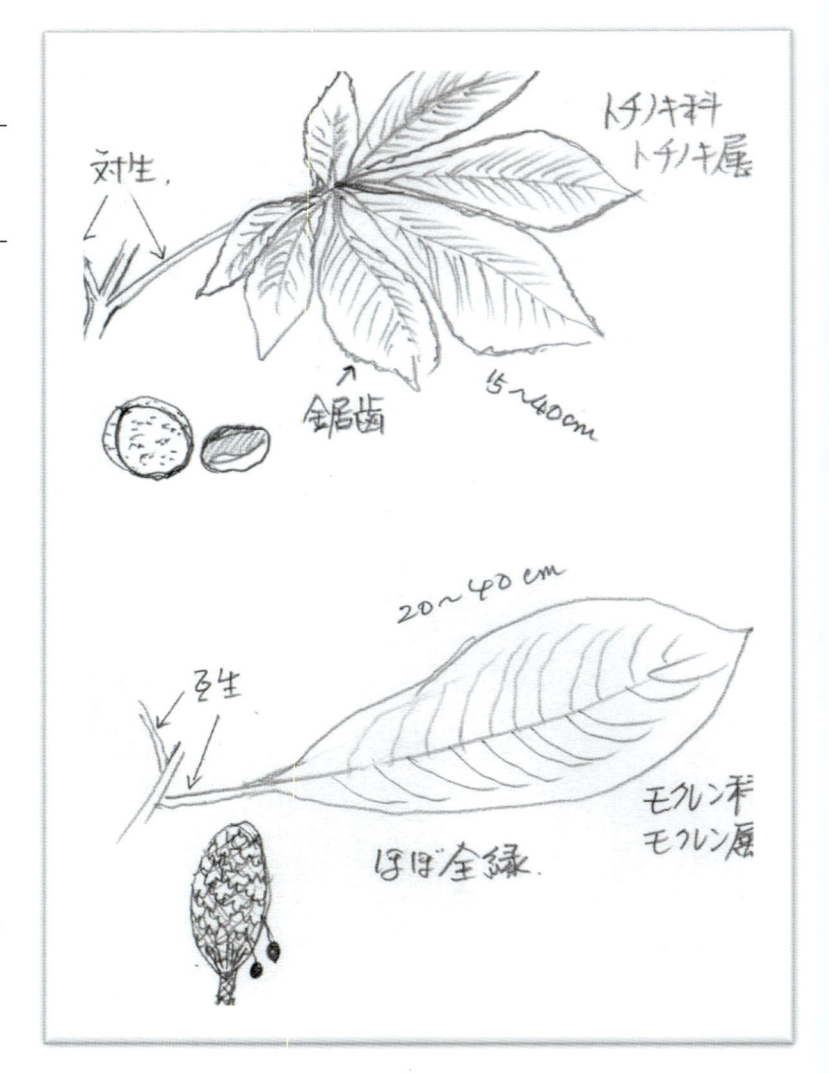

<mark>ベニバナトチノキの果実の表面にはマロニエの名残のとげが少しあります。トチノキにはその突起はありません</mark>

⑦ トチノキの実(み)は褐色で光沢があり、クリの実によく似ている。しかし、トチノキの実は（<mark>種子</mark>、果実）でありクリの実は（種子、<mark>果実</mark>）である。（　）内を選択してください。

ヒント：子房が肥大成長したものを「果実」と言う（「植物観察の基礎講座」p29 または裏表紙みひらき参照）。

ゆえに果実の先端にはめしべの先端、すなわち柱頭の痕跡がある。しかし子房の中にある胚珠が

「種子」になるので、種子には柱頭の先端の痕跡がない。（「果実」と「種子」は生物用語。「実(み)」はそれらを混同して使っている。）

⑧ トチノキの飴状の冬芽をなめてみると、甘いか、甘くないか。

ツバキ、秋、冬、春の半年間　NO　　　　　　　　　　　氏名

近くにある、ツバキ、サザンカ、チャを長期間観察して空欄を埋めてください。そして3者を同定する方法を自分なりに見つけ出してください。

②　③④⑥⑦⑩⑫などが同定に役立つが、最近は互いに交雑して、園芸種など分かりにくい。

	ツバキ　椿	サザンカ　山茶花	チャ　茶
① 学名	Camellia japonica	Camellia sasanqua	Camellia sinensis （「中国産の」の意、英語のchineseの意）
② 小枝、葉柄の毛の有無	無毛	細毛がある（ルーペ）	若い枝先には短い毛があるが、のちに無毛
③ 葉の大小、形状	大きい、固い	小さい、固い	大きい、柔らかい
④ 日にかざしたときの葉脈の見え方	透明	不透明	不透明
⑤ 苞及びガクの残り方	残る	早落性	残る
⑥ 花弁のつき方	基部で合弁花	根元まで完全に離性	根元まで完全に離性
⑦ 雄しべの付き方、落花の仕方	雄しべは花弁に中部まで結合し、花弁が落ちるときにともにぽとりと落ちる	雄しべは花弁に結合しない。枝先におしべが残る	雄しべは花弁に結合しない
⑧ 子房の毛の有無	無毛	子房にわずかにある	？
⑨ 果実、種子の多少、大小	果実はリンゴツバキのように大きいものもあるが、種子の大きさはどのツバキもほぼ同じ	果実は小さい。多花なのに、近畿地方では結実しないことが多い	花の割に種子は大きい。果皮は薄い
⑩ 芳香性	芳香性なし。蜜は多量に分泌する→鳥媒花	芳香性あるものが多い→虫媒花	微香→虫媒花
⑪ 花つき	サザンカより少数	多数	普通？
⑫ 開花期	2～4月（春の花）	10～1月（冬の花）	10～11月（秋の花）
⑬ 自生地分布	青森まで自生地がある	最北地山口県や北九州	原産地は雲南省西南部、日本では暖温帯

なお、ツバキ科に付く半寄生性のヤドリギ、ヒノキバヤドリギの観察

シギゾウムシの仲間のツバキシギゾウムシとツバキの果皮の厚さの観察・・・などおもしろいものもあります。

ドングリ、春、夏、秋　　　NO　　　　　　　　　氏名

① （夏の問題）クヌギとアベマキとクリの葉をそれぞれ上下二つに切って裏表をここに貼って、3者の違いを記してください。またはスケッチで画いてください。

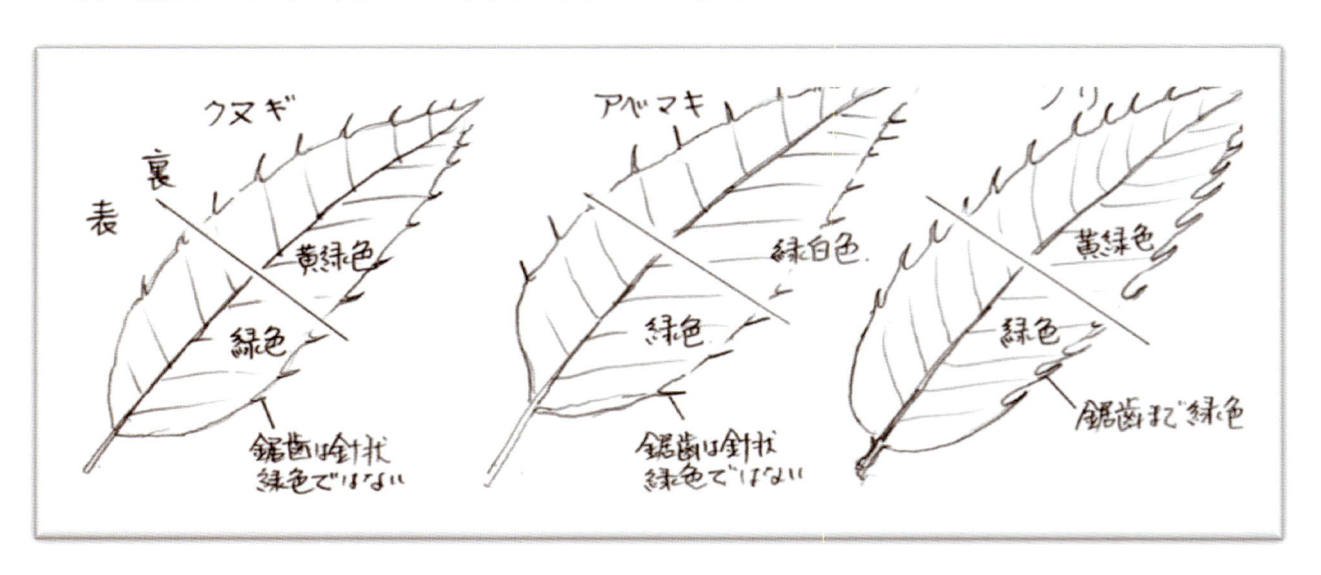

[クヌギの葉スケッチ：表/裏、黄緑色、緑色、鋸歯は針状 緑色ではない]
[アベマキの葉スケッチ：緑白色、緑色、鋸歯は針状 緑色ではない]
[クリの葉スケッチ：黄緑色、緑色、鋸歯まで緑色]

② （春の問題）コナラ、クヌギなどのドングリの雌花を　ルーペを使ってスケッチしてください。れっきとしためしべがある被子植物であることがわかります。

[雌花スケッチ：めしべ、花被、総苞、めしべ柱頭跡、殻斗、花被跡]

③（秋の問題）2年かかってドングリを完成させるものに、マテバシイやクヌギがあります。9月現在、1年目と2年目のドングリが枝に共存している。その大きさの違いをスケッチしてください。

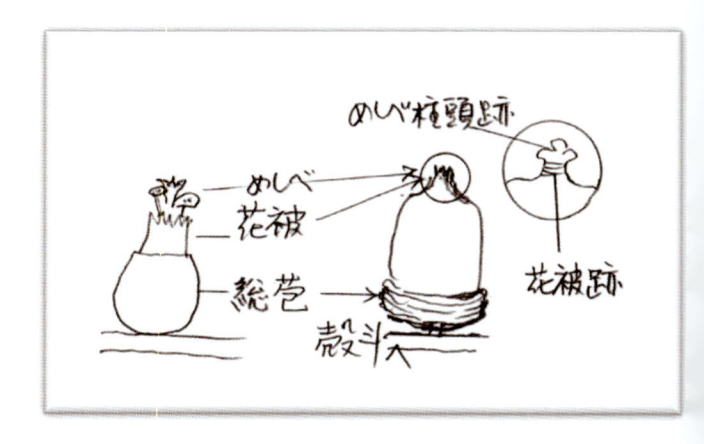

③ コナラ属のドングリのオワンの部分を殻斗と言います。
　　殻斗が輪っか状（線状）のコナラ属を（漢字で）　樫　といい、暖地性、常緑性です。公園内で　アラカシ　　シラカシ　などがあります。
　　殻斗がうろこ状のコナラ属を（漢字で）　楢　といい、冷温帯性で、落葉性です。
　コナラ　　クヌギ　　アベマキ　などがあります。

| アオイ科、夏、　　NO　　　　　　　　　　　　　　　　　　　氏名 |

①夏に咲くアオイ科（園芸種ハイビスカス、モミジアオイ、アブチロン、ムクゲ、ワタ、オクラ、など）の花をいくつか観察してアオイ科に共通した特徴を述べてください。

> 　花弁は5枚、雌蕊の先端は5つに分かれている5心皮性の花。苞もガクも両方あるものが多い。おしべの付き方に他の花と違う特徴がある。多数の雄蕊は雌蕊の花柱に沿うように張り付くように着く。花は一般に大きく、蜜腺は花弁の付け根の奥にある。大型のチョウを相手にしてきたと思われる。夏に咲くものが多い。

②自分で観察した「特徴」からアオイ科という花のモデル　図を描いてください。

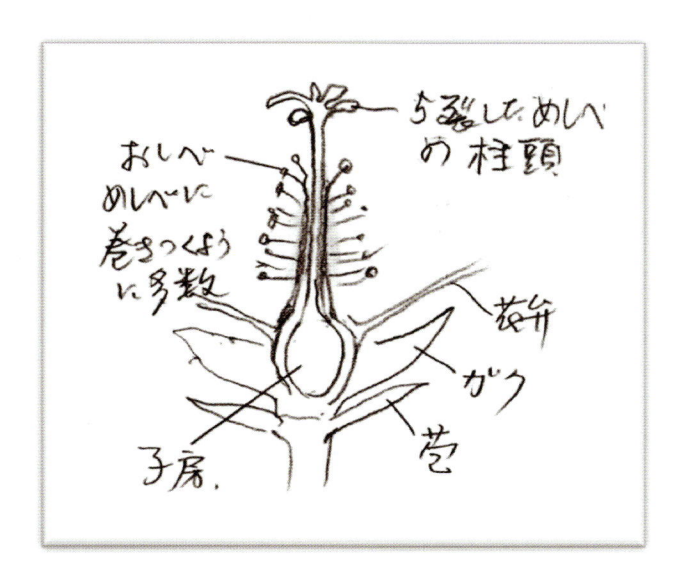

③「奈良県内の民家の塀際に、葉は厚い感じで常緑でつやがあり、この地で冬を越す高さ3メートルほどの広葉樹がありました。夏に直径10cmほどの花をつけ、黄色くて、厚い花びらでした。花の中心が赤褐色の蜜標をつけていました。①の特徴を備えていたので、アオイ科と判断できました。」この植物の名前を図鑑で調べて、あててください。

> アオイ科、　フヨウ属、ハマボウ
> 　　学名　　Hibiscus　hamabo

④時間があれば、アオイ科に共通した果実のモデル図を描いてください。
　　・・・だぶんオクラの果実をぎゅっと押して短くしたようなものがモデル図になるはずです。

ムクロジ、秋、冬　NO　　　　　　　　　　　　　　　　　氏名

① ムクロジの学名は sapindus　mukurossi である。属名 sapindus＝sapo + indicus「インドの石鹸」の意である。ムクロジの果皮をペットボトルにいれて激しく振ってみて、石鹸のようになることを体験してください。

市販のハミガキで図のように、天然植物を売りにしているものもあります。ムクロジも使われています。

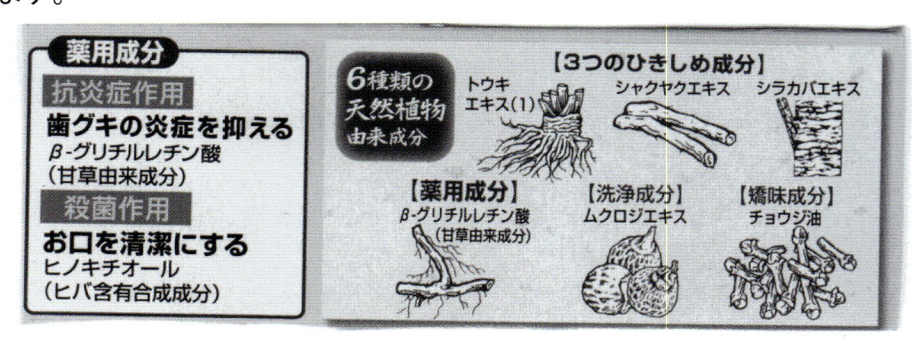

① ムクロジ科には中華料理に出てくる果皮が食用になるリュウガンやライチがあります。これらは鳥や獣が食って種子散布をして子孫を残すことができます。いっぽうムクロジの果皮は石鹸の代用になるくらいだから、とうてい食べられるものとは想像できない（興味ある人は、一度はかじってみたらいいかもしれないが、耐えられない味です。）。この果実を食ってフンとしてばら撒く動物はみあたらないと思われるが、奈良公園で観察していると、その動物がいる。なんだと思いますか。

シカ

事実、春日山原始林内の」滝坂の道にムクロジが自然繁殖して生えているところが何カ所かあります。この動物の仕業です。

② リュウガンやライチは南の地にはえるものなので、その木や葉を見たことがないと思いますが、、ムクロジから想像して、その葉は　　羽状　　複葉　と思われる。
（リュウガンやライチの葉はその場ですぐネットで調べられますので、まずムクロジの葉から想像してください）

マツ、NO　　　　　　　　　　　　　　　　　　　　氏名

① 通常、古墳は宮内庁の管轄で、一般の人は古墳内に立ち入りはできない。したがって鎮守の森同様、古墳内は近畿地方の極相林であるシイ、カシ、クスノキなどの照葉樹林となっていて、アカマツは見ることができないのが普通である。・・・と思ってきたが、そうではない。天皇陵と違って一般古墳は市町村県の管理下にあって、その公園の古墳内にマツが生えている。理由を説明してください。

> 村人は里山として利用していた。里山の痩せた雑木林にはマツがそだつことができる。全国的に昭和30年代ごろから、その雑木林も放置されて、そのときのマツが大木として現在残っている。

② マツの葉や茎は意外にわかりにくい。

長枝 e に直接つく葉は互生の鱗片葉 d で、その葉腋から a 内にある短枝がでていることになる。外から見えない短枝から二葉の、したがって対生の針葉 b が生えている。C も鱗片葉で葉の一種。マツの二葉の落ち葉とは短枝が枝ごと落ちたものということになる。

青い松葉 b を短枝ごと植えるとどうなるか。

> bの二本の針葉の間が葉腋だから、そこから新芽が出る。

③二葉～五葉のマツ例をあげてください。

二葉のマツの例 ・・・	アカマツ　　クロマツ
三葉のマツの例 ・・・	テーダマツ　　ダイオウショウ（大王松）、（公園内には無い）
五葉のマツの例 ・・・	ゴヨウマツ　　チョウセンゴヨウ（公園内には無い）

④3世紀の魏志倭人伝のなかに邪馬台国の近くで見受けられる植物が書いてある。タブ、コナラ、クスノキ、クサボケ、クヌギ、カヤ、カシ、カカツガユ、カエデ、タケ、ササ、ヤダケ、シュロ、ショウガ、タチバナ、サンショ、ミョウガである。マツが書いてない。マツが無かった理由をあなたなりに説明してください。正解らしきものはありますが、正解はありません。

> （1）まず考えられるのは魏志倭人伝の作者がマツを書き落とした。（2）3世紀の日本の南西部は鬱蒼とした照葉樹林の極相林でした。マツは痩せた二次林に生えてくるので、当時森を切り開いた大都市も田畑もないところではマツは見受けられなかった、と想像できます。八世紀、平城京や大仏殿をつくるころから奈良盆地の山ははげ山になり、マツくらいしかはえていなかったと想像できます（東大寺山堺四氏至図参照）。

メタセコイア、センペルセコイア、ラクウショウ、NO　　　　　　　　氏名

三木博士が日本で化石として発見したメタセコイアは当時、現物が知られていた北米原産のセンペルセコイアやラクウショウとは違っていました。その違いの大発見の根拠が、「中学生でも知っている」対生、互生、落葉、常緑のちがいでした。

① 下表をうめてください。

	メタセコイア	センペルセコイア	ラクウショウ
対生、互生	対生	互生	互生
落葉、常緑	落葉	常緑	落葉
球果の果鱗の対生、互生。できれば球果のスケッチ	対生	互生	互生

②センペルセコイアの一枚の葉とはどれを言うのか、また、常緑である証拠をスケッチで、示してください。

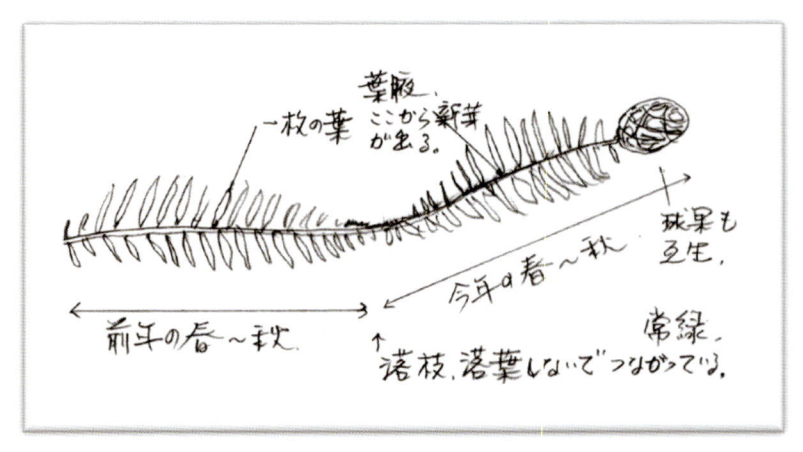

③行ったことはないが、カルフォルニアのセコイア公園にはセンペルセコイア（セコイアメスギ）だけからできている**純林**があります。「山火事」と「樹皮の厚さが30cm」の言葉を使って、**純林**ができる話を組み立ててください。

カリフォルニア州は乾燥と落雷のため山火事が頻発する。ほとんどの樹木は焼け死んでしまうが、センペルセコイアの大木は樹皮の厚さが30cmもあるので、ダメージはあるが焼け死んではいない。他種が死滅したところに、まだ生きている本種の種だけが高所から降ってくる。何年も同じことがおこる。そして本種の純林ができあがる。

芝生の丘（古墳の一つであるのかもしれない）、NO　　　　　　　氏名

① かりに、この草原（くさはら）に手を入れずに何十年、何百年と放置したとすると、ここの植生はどのように変化（遷移）すると思いますか。**アカマツ、陽樹、陰樹**という単語をつかって説明してください。下図を参考に陰樹の**極相林**の方向だけに遷移する理由を説明すること。（ギャップ、パッチ構造までは言及不要）（田畑が放置されても同じ植物遷移がおこる。）

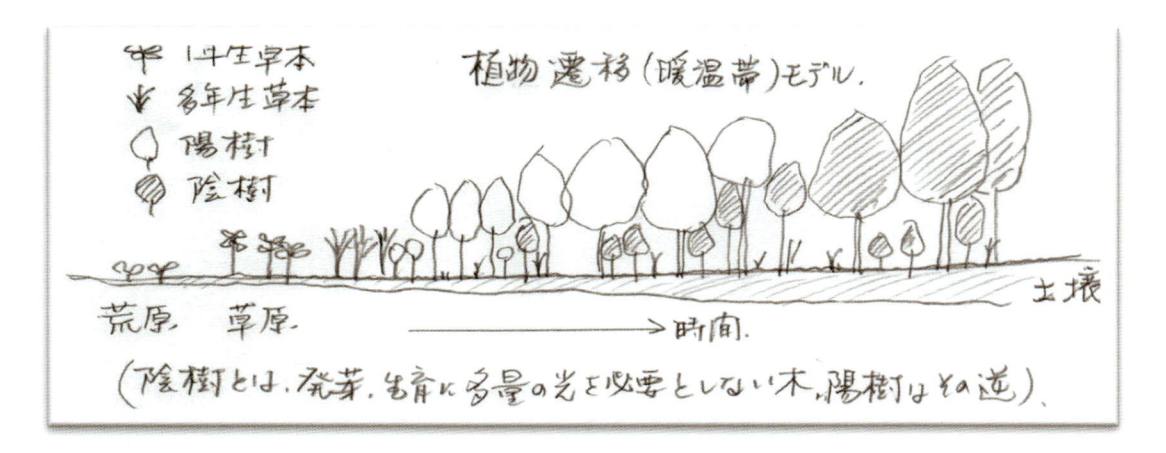

[図：植物遷移（暖温帯）モデル
凡例：１年生草本、多年生草本、陽樹、陰樹
荒原・草原 → 時間 → 土壌
（陰樹とは、発芽、生育に多量の光を必要としない木。陽樹はその逆）]

> 現在の１年生の草原が多年性の草原に変わっていく。その中には陽樹であるパイオニアプランツといわれる、アカマツ、アカメガシワ、クサギ、ハンノキ、などが生えてくる。陰樹であるクスノキ、カシなども生えてきているが、陽樹のほうが成長がはやいので、ナラ、シデ、サクラなど陽樹が樹冠を覆う優勢種となる。陰樹は優勢ではないが存在はしている。この段階で林床は暗くなるので、陽樹の種子は発芽しないか、発芽しても生育しない。陽樹の次の世代は再生されない。一方陰樹はこの森で成長、発芽、再生産できる。陰樹の優勢の森からシイ、カシ、クスノキ、ツバキ、モチノキなどの常緑極相林が出来上がる。

② 三内丸山遺跡（青森県）はいまから５千年ほど前の縄文時代の遺跡です。そこでは野生や栽培種のクリが大量に消費されていました。一方３世紀の魏志倭人伝には当然出てきてもよさそうなクリは出てきません（書いてありません）。このことはどう説明されますか。あなたの考えを書いてください。

> 青森の三内丸山遺跡は冷温帯の極相林、落葉広葉樹林であった。ブナ科のブナ属、コナラ属、クリ属、やシラカバの林であったので、沢山のクリ、クルミ、ドングリに恵まれていた、サケの遡上などもあり、縄文時代は冷温帯のほうが多くの人口を養え、人口密度は高かった。
>
> いっぽう、魏志倭人伝で、記述された邪馬台国の場所は北九州か畿内であるので、この場所の植生は暖温帯の極相林、照葉樹林と言うことになる。この照葉樹林帯中のギャップにわずかに陽樹が存在できただけで、人口密度も低く、クリなど記述されるほどのものではなかったと考えられる。（大々的な農業の発展と都の建設以後は暖温帯のほうが人口が増えた。）

サルスベリ、夏、秋 、　　NO,　　　　　　　　　　　　　氏名

① サルスベリの花をスケッチしてください。特にめしべが二種類あることに注意してください。

なぜ二種類のおしべを用意するかと言うと、虫によっては蜜だけではなく、花粉も食いに来るものもいます。花にとって花粉を作るためにはタンパク質や核酸をつぎこんだ大事なもので、大量に食われてはこまります。そこで本物のおしべは地味に、いっぽう花粉をもっていないニセのおしべは派手に作って、虫を誘うという魂胆です。ツユクサも同じでニセのおしべを2種、本物を1種、計3種も用意します。(これでもか、と言う感じですね)

サルスベリの本物のおしべはどれかわかりましたか。

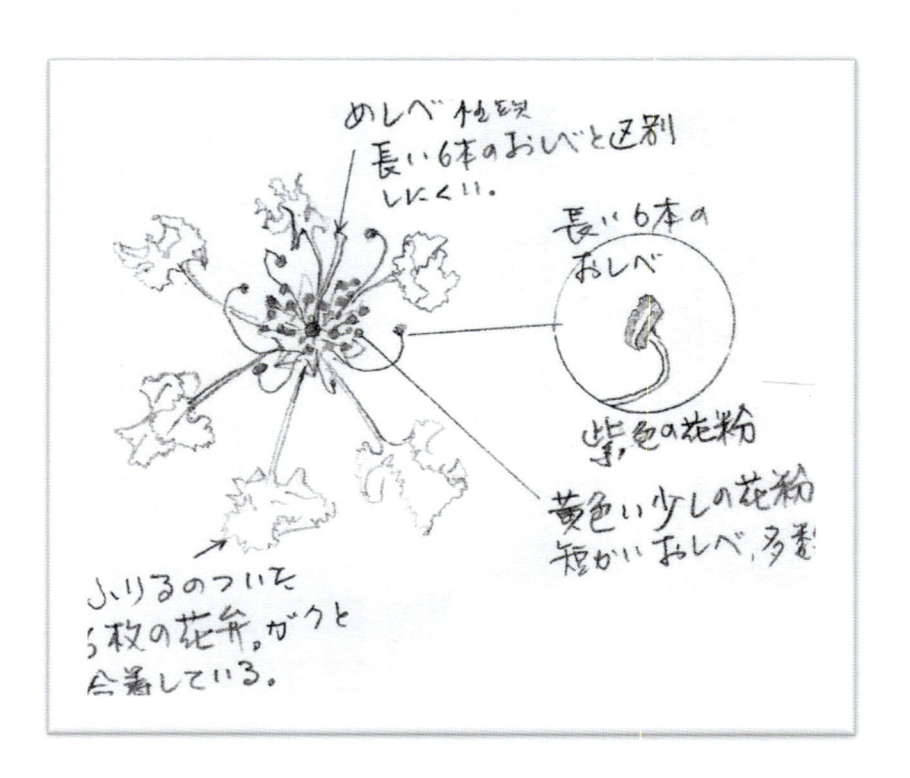

[手書きスケッチ:
- めしべ 特徴 長い6本のおしべと区別しにくい。
- 長い6本のおしべ
- 紫色の花粉
- 黄色い少しの花粉 短かいおしべ、多数
- ふりるのついた5枚の花弁。ガクと合着している。]

② サルスベリの小枝の葉の付き方をスケッチしてください(対生、互生、輪生などの葉序のこと)。サルスベリの場合は特別です。何と言いますか。　**コクサギ形葉序**

| イチョウ　春、秋　NO、 | 氏名 |

　イチョウは特別に特殊な木です。生きた化石と言われ、小学校には必ず植えてあります。植物を、門、綱、目、科、属、種と分類していくと、綱の段階から親類、兄弟がいない1綱、1目、1科、1属、1種の孤独な木です。地球に残っているのはこのイチョウ1種だけです。そうしてみると、よく何千万年を生き延びたな、と思いますね。今の被子植物の花は受精のときに精子は使いませんが、イチョウは精子を使います。これは花の咲かない、もっと古い植物シダと同じ方法です。なるほど古い植物です。日本では500万年前に絶滅しています（その地層から化石が出なくなっているということです）。

　①長枝、短枝、葉をスケッチしてください。左図は18世紀にイチョウを日本からヨーロッパへ紹介したケンペルの図です。観察としてはすこし間違いがありまね。
自分でスケッチして間違いを指摘してください。→

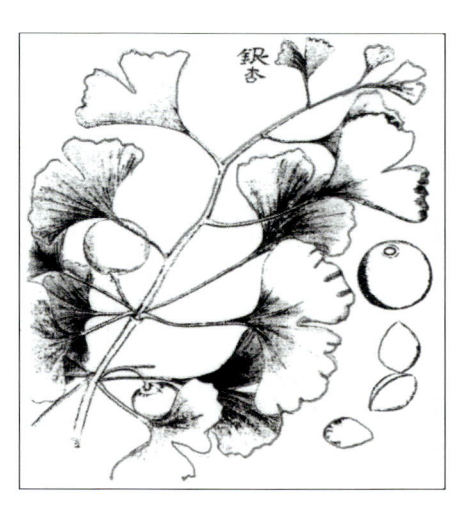

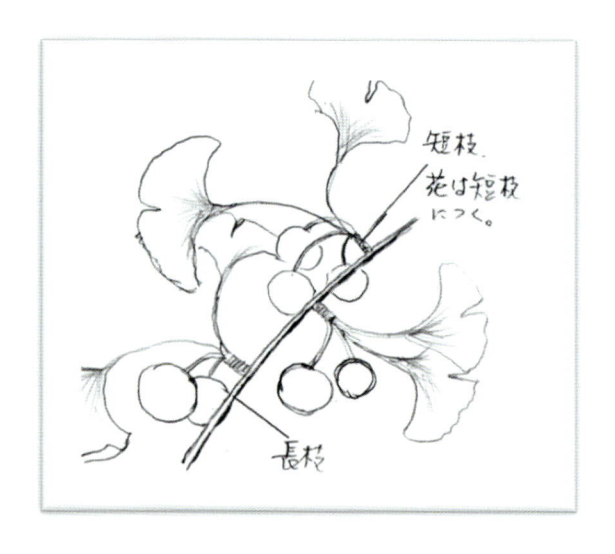

① イチョウの別名は(1)公孫樹、(2)鴨脚、(3)銀杏と言われています。説明ができたらしてください。これは知識を聞いています。

(1)公孫樹：イチョウは種（銀杏、ギンナン）が生るのに長い年月がかかります。おじいさん（公）が植えて、種がとれるのは孫の時代だという意味。（約30年くらいかかる）

(2)鴨脚：イチョウの葉の形は水かきのある鴨の脚によく似ているので、鴨の脚と書いてイチョウと読む。鴨脚さん（いちょうさん）という名字の人もいます。

(3)銀杏：イチョウの仮種皮、ギンナンが銀色のアンズ（杏）のように見えるので「ぎんきょう」をイチョウと読む。学名の ginkgo biloba のもとになった。日本ではこの字は「ぎんきょう」とも「ぎんなん」とも読む。

③春（4〜5月）；　イチョウは雌雄異株です。雄株の雄花と、雌株の雌花をスケッチしてください。古い裸子植物ですから、胚珠は子房に包まれずむき出しです。授粉などは外見からはわかりません。

④あの臭くて、かぶれる、毒があるギンナンを食ってフンとして散布する動物などいたのだろうか。いなければイチョウは絶滅しているはず。イチョウが何千万年も生きのびた、あなたの考えた仮説をいくつでも書いてください。

アオキ 、春、NO　　　　　　　　　　　　　　　　　氏名

① 春（4月）： アオキは雌雄異株です。雌株にはおしべの退化した雌花が咲きます。雄株にはめしべが退化した雄花が咲きます。それらをならべてスケッチし、くらべてみてください。

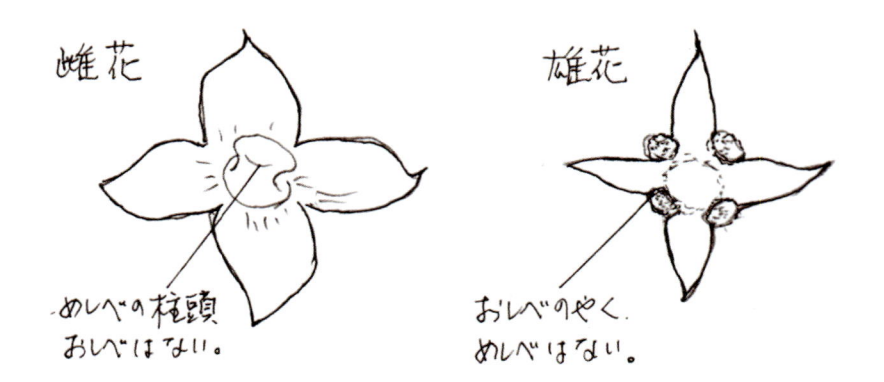

（スケッチ：雌花 — めしべの柱頭、おしべはない。／雄花 — おしべのやく、めしべはない。）

② 秋〜春： 雌花が咲く雌株には秋から春のあいだに赤い実をつけます。なかにはその実が小さく、いびつな形で、部分的に赤く、部分的に緑色になっているものがあります。この実を半分に割って中を調べて、正常な赤い実と比較してみてください。どんなことに気が付きましたか、虫の立場になって考えてください。あなたの結論を書いてください。赤い実は鳥が散布（伝播）します。（必要ならスケッチを）、

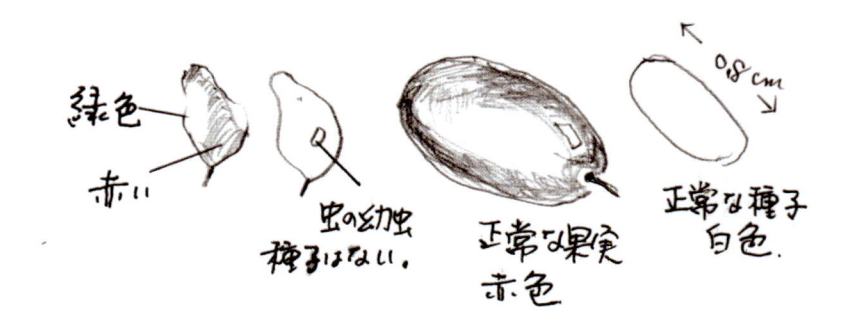

（スケッチ：緑色／赤い、虫の幼虫 種子はない。、正常な果実 赤色、正常な種子 白色 0.8cm）

スケッチして気がついたこと

　いびつで緑色のあるアオキの果実には果肉はあるが、種子が無い。虫（アオキタマバエ）の幼虫は種子を喰って成長したことになる（ドングリのコナラシギゾウムシの幼虫ように）。そのため、果実は全部は赤くならない。赤くなるホルモンの仕組みなどは不明。→赤くて正常な果実は鳥に食われるが、いびつで緑色の果実は鳥に食われない。虫は安泰で、春に成虫まで育つ。

　この関係は共生ではなく、アオキタマバエという昆虫の一方的な寄生のように思えるが、アオキはほかになに利益を得ることがあるのだろうか。

カツラ NO	氏名

① カツラは雌雄異株です。花粉は雄花から冬～早春にかけて風で飛ばす風媒花です。風媒花なので花にはがくも花弁もありません。樹木で風媒花は木々の葉っぱに邪魔されない早春までに花粉を飛ばすものがほとんどです。公園内でそのような木をカツラ以外で観察したことがあればあげてください。

（ ハンノキ ）、（ アカシデ ）、（ イヌシデ ）

② カツラの葉は春にハート形の葉を短枝に一枚だけつけます。これを春葉と言います。夏にいままでの枝の先端からシュート（長枝）を出して何枚かのハート形でない葉を複数つけます。これを夏葉といいます。両方着いた枝をスケッチして春葉、夏葉、短枝、長枝を確認してください（裏面から描くほうがわかりやすい）。なぜ二段階で葉を出すのかというと、一斉開葉・一斉落葉と順次開葉・順次落葉の中間をねらった生き方をしようということでしょう。

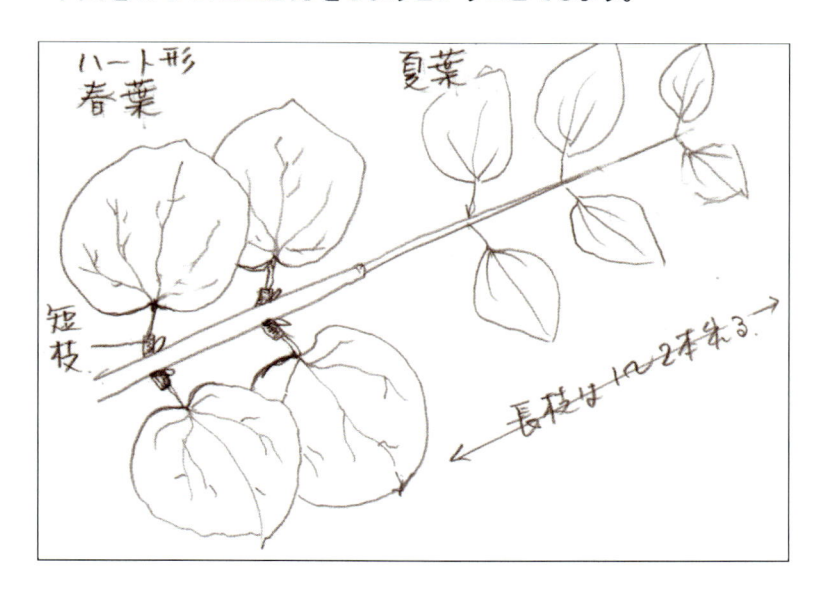

③ カツラの落葉はA：甘い匂いがする、B：醤油の匂いがする、という人がいます。
あなたはどちらですか。（ただ匂いをかぐという観察でした）

| タイサンボク　NO　　　　　　　　　　　　　　　　　　　　　　　氏名 |

物語

　モクレン科、モクレン属、タイサンボク（MAGNOLIACEAE　Magnolia　grandiflora）

　一般にモクレン科は１．２億年ほど前に地球上にあらわれた初めての被子植物だろうといわれたアルカエアントス（化石として発見された「古代の花」の意）によく似ています。枝に螺旋状についていた多数の葉っぱが、多数のがく、花弁、おしべ、めしべとへと進化していった名残がはっきりわかる。果実も多心皮性で古い。・・・とされてきました。しかし遺伝子解析が進んだ現在では地球上で一番古い花はアンボレラ目であり、いちばん古い被子植物の化石はモクレン目ではないことがはっきりしています。

　しかしながらモクレン科は原始的双子葉類に分類され、やはり非常に古い花であることに変わりはありません。

（図：タイサンボクの果実のスケッチ）
- めしべの子房が果実に変ったもの　らせん状にならぶ。
- おしべの落ちた跡、らせん状
- 花弁の落ちた跡

このタイサンボクの果実をスケッチして、花弁、おしべ、めしべ

の螺旋状を確認してください。

サネカズラ(ビナンカズラ)　夏、秋、冬、　　　NO　　　　　　氏名

サネカズラは8月に花が咲きます。12月ごろに赤い多心皮性の実がなります。じつはモクレン科のように非常に古い花です。おしべ、めしべが多数螺旋状にあつまるので、以前の分類方法ではモクレン目、モクレン科、サネカズラ属、サネカズラに分類されていました。現在はアウストロバイレア目、マツブサ科、サネカズラ属、サネカズラとなっていて、モクレン科ではありません。

　できれば8月の花と、12月の果実をスケッチしてください。やはりモクレン科のように古い花であることが確認できます。

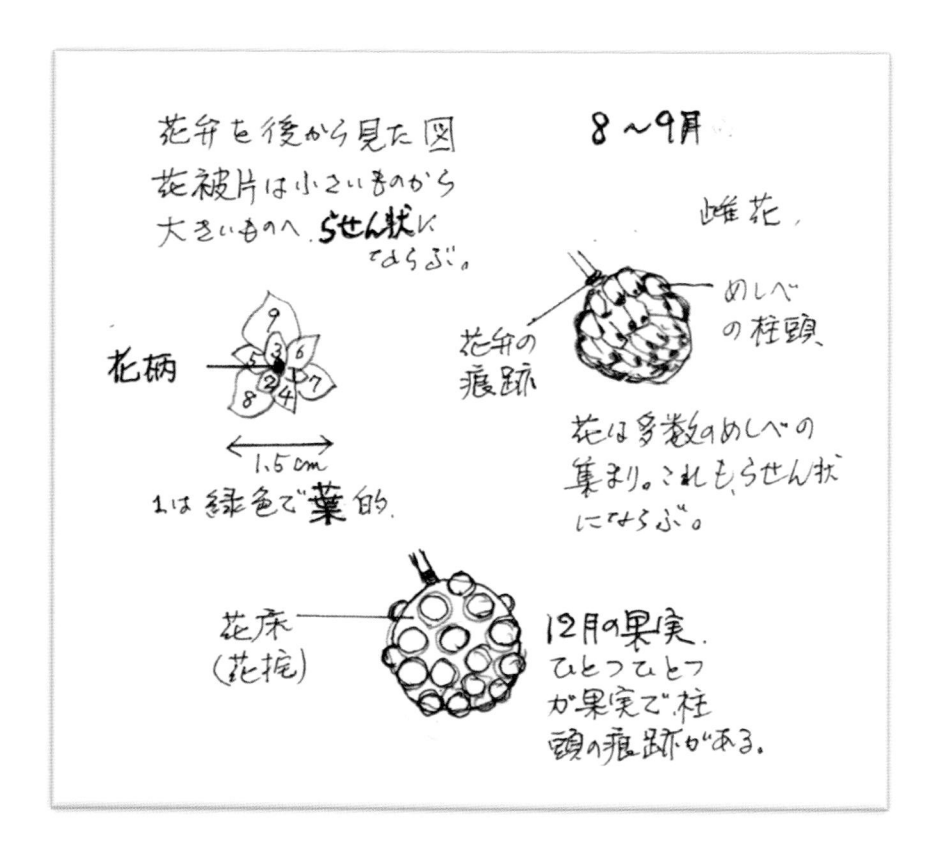

| 混合問題 、春、　NO, 　　　　　　　　　　　　　　　氏名 |

春の場合（1）のみ答えてください

(1) 「睡蓮の池」の北側の小道にソメイヨシノの並木があります。その小道の北側はひだまりの南向き斜面になっていて、早春に咲く樹木が植えられています。ソメイヨシノも含め　9種あげてください。樹名板が付いている木もあります。（できればそれらの花の色も）

1　ソメイヨシノ	2　　ボケ	3　　サンシュユ	4　　ツバキ	5　　アシビ
ピンク色	赤	黄色	赤	白
6　（シナ）マンサク	7　レンギョウ	8　　ユキヤナギ	9　反対側 、カンヒザクラ	
黄色	黄色	白	紅色	

(2) ナガレ山古墳の東側に古墳群の配置図模型のある小さい広場があります。そこに珍しい木として、ハンカチノキ、が植えてあります。ハンカチノキはミズキ科（APGではヌマミズキ科）だそうです。何か腑に落ちるところはありますか。「　科に慣れる」参照

| ハンカチノキの二枚の苞はミズキ科（ハナミズキの苞は4枚）の大きな苞に似ている。 |

(3) ナガレ山古墳の南東をトイレ方向に下ったところに針葉樹が何種類か植えてあります。ここの針葉樹をすべて書き出してください。

| センペルセコイア、スギ、（ヒノキ）、アスナロ、カヤ、モミ、（コノテガシワ）、ナギ、アカマツ
（　）は枯れたかもしれない |

(4) 木偏に春はツバキ（椿）、木偏に夏はエノキ（榎）、木偏に冬はヒイラギ（柊）
では木偏に秋は？　またこの木はどこにありますか。

| キササゲ、ナガレ山古墳の北東 |

植物スケッチのすすめ

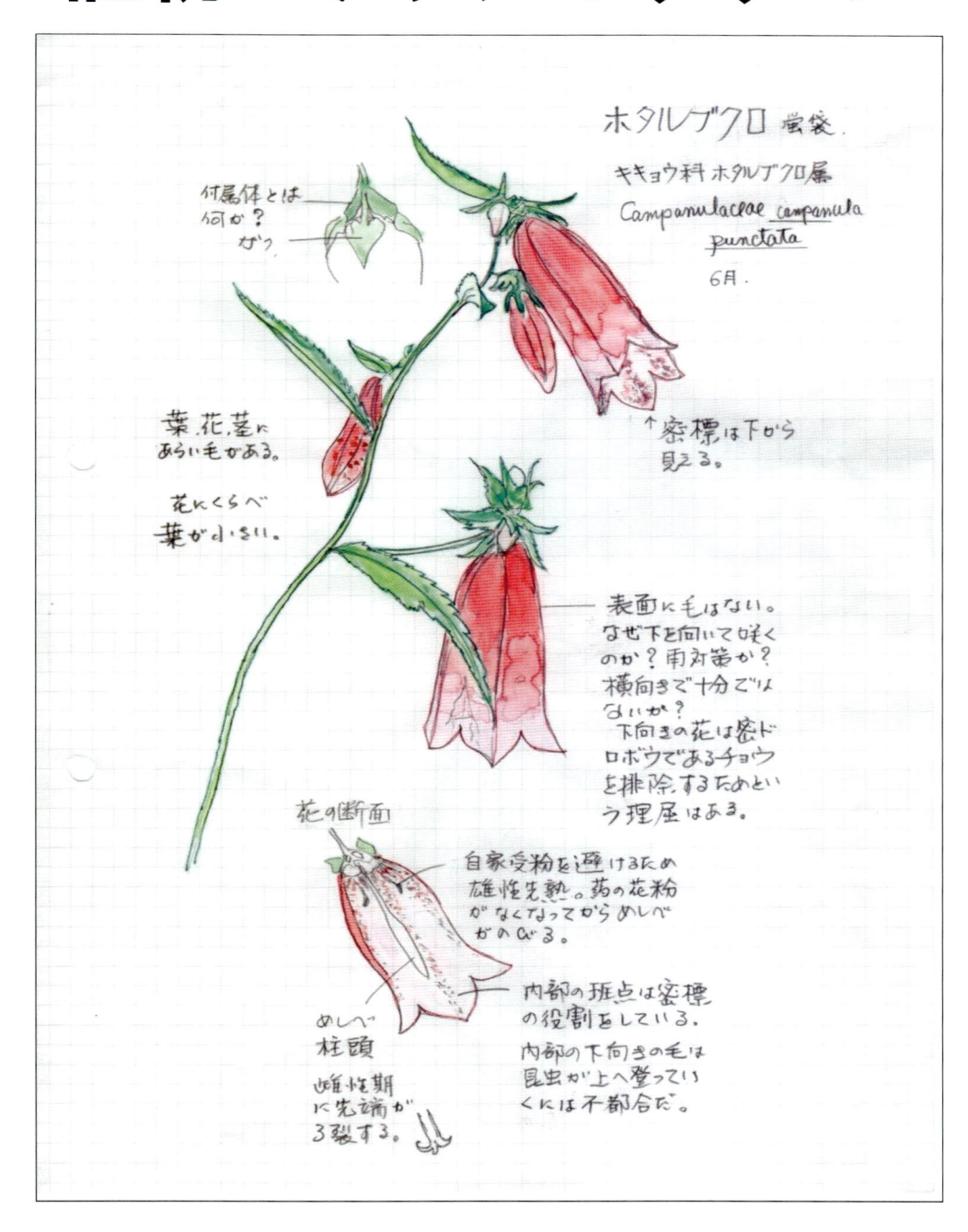

アートではなく、自分で植物の
しくみに気づくために

植物をスケッチすることで気づくこと

　植物に接する一番いい方法は　**見て、触って、嗅いで五感**を生かして感ずることだと思います。
　それでも当然のことながらひとりひとり植物との接し方は違います。主に自分で写真を撮るというのが普通のやり方だと思いますし、油絵などで表現する人もいます。いずれにしても、自分の好きなやり方で植物と接するのが一番です。

　私たちヒトは川の土手の満開のサクラ並木の美しさを愛でる心と、一つの花がどうなっているのかに関心を持つ心とをもっています。
　ここでは美術（アート）としてではなく、ただ事実として植物をスケッチすることにより、自分で植物の仕組みを発見していく方法を述べます。

　めずらしい植物をスケッチしなくても、身近にあるありふれたものを気軽にスケッチしてみることから始めます。どこにでもあるタンポポでもスケッチしてみれば、「あーこうなっていたのか」という発見の連続です。
　勉強するなどと思わずにただ、あるがままにスケッチします。

　最近は子供たちが、くさばなを気楽に摘むことを禁じていますが、私の考えではどこにでもあるくさばなは昔の子供のように摘んで、触ってみて、眺めて、においを嗅いで自然との根源的接触をするべきだと思います。
　この根源的接触がなければ自然環境保護などの考えは人の心に浮かんでこないでしょう。

> 花は葉の腋（わき）につくことに「気づく」　　このようにはつかない　　この「気づき」は植物の1億年の歴史を知る入口にいることになる。

1　　まず、実物を**見て、触って、嗅いで五感**で感じてみます。

2　　自分が描きたいものを描けばよいのですが、花というものは興味が尽きないものです。花を描くことをすすめます。花は無数にあります。約２４〜３０万種。約１億年前には被子植物の「花」というものはありませんでした。草もありませんでした。木しかありませんでした。今は百花繚乱の時代です。この時代を謳歌しない手はありません。

3　必要に応じて　ルーペ（便利なものです）
　　　　　　　　ものさし（果実など長さを記入することもあります）
　　　　　　　　カッターナイフ（時には花の断面図も必要）
　　　　　　　　B〜2Bくらいの鉛筆（自分の好みが一番ですが）
　　　　　　　　消しゴム（訂正のためは勿論ですが、全体の輪郭をざっと描いてお
　　　　　　　　　　　　いて細部ができたら輪郭線を消したりします。細部を消
　　　　　　　　　　　　す消しゴムも市販されています。）
　　　　　　　　絵具→4で説明
　　　　　　　　白い紙

　　を使って鉛筆画を描きます、なるべく事実に沿って正確に描きます。「うまく」より
　か「正確に」をめざします。このほうがかえって自分のユニークさが出ます

4　鉛筆画をしっかり描いておけば彩色は簡単なものでリアルなものになります。

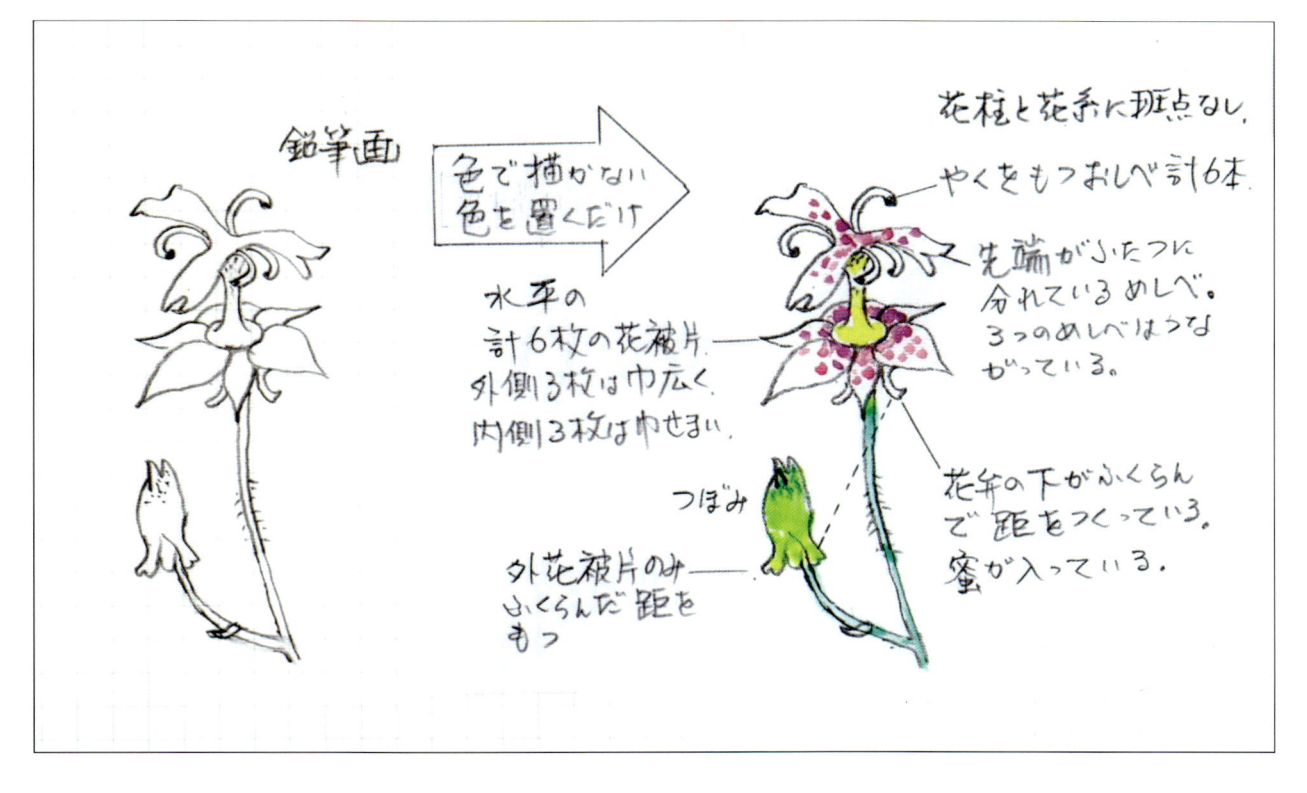

　　できれば水彩絵の具で彩色しておいたほうがいいでしょう。簡単な道具で十分です。
筆は柔らかくて、ほそいものが2本もあれば十分です。また、彩色も簡単なものでい
いと思います。
　　水彩の場合は色を重ねるとうまくいきません。鉛筆画の上に色を置くだけという感
じです。油絵とは違います。慣れる必要がありますが油絵より簡単です。
　　クレヨンは細部を描くことが難しいです。

5　描いた後、図鑑などで学名と和名を調べ記入しておきます。学名の意味は分からなくても記入しておきます。

　「科」「属」「種（しゅ）」などは、はじめは興味が湧かないかもしれないが、たくさんの植物を知ってくると、なるほどと思うことがたびたびあります。

　普通二名法といって、属名と種名を書きます。たとえば下の図のタイサンボクの例ではモクレン属タイサンボク、学名　Magnolia　grandiflora　です。grandi は「大きい」、flora は「花」の意味です。ついでに「科」（Magnoliaceae）も書いておくとよいでしょう。

　最近は植物の分類方法がＤＮＡの遺伝子解析による方法に変わってきましたが、以前の分類方法による書籍からの名前でかまいません。意味はわかります。

6　スケッチがうまくいかないとき、飽きた時はそのままで止めておきます。私も描きかけの中途半端な画像をたくさん、たくさん持っています。

　また、いつかある日、その書きかけのスケッチに図を書き加えていけばいいのです。果実だけを唐突に追加して描いておいて、後で全体のまとまりができたりします。

7　一か月、半年、一年など時間をおいて書き足してみると花と果実が同一画面に描けてユニークなものができます。自分で気が付いたことを書き込んでおき、一年後に何かに気が付くということもあるので、それも後で書き加えます。実は後で気が付くことはとても多いものです。あとから新たな図、わかったことを書き加えていくのがこのスケッチの特徴です。

　常に過程の中にあります。

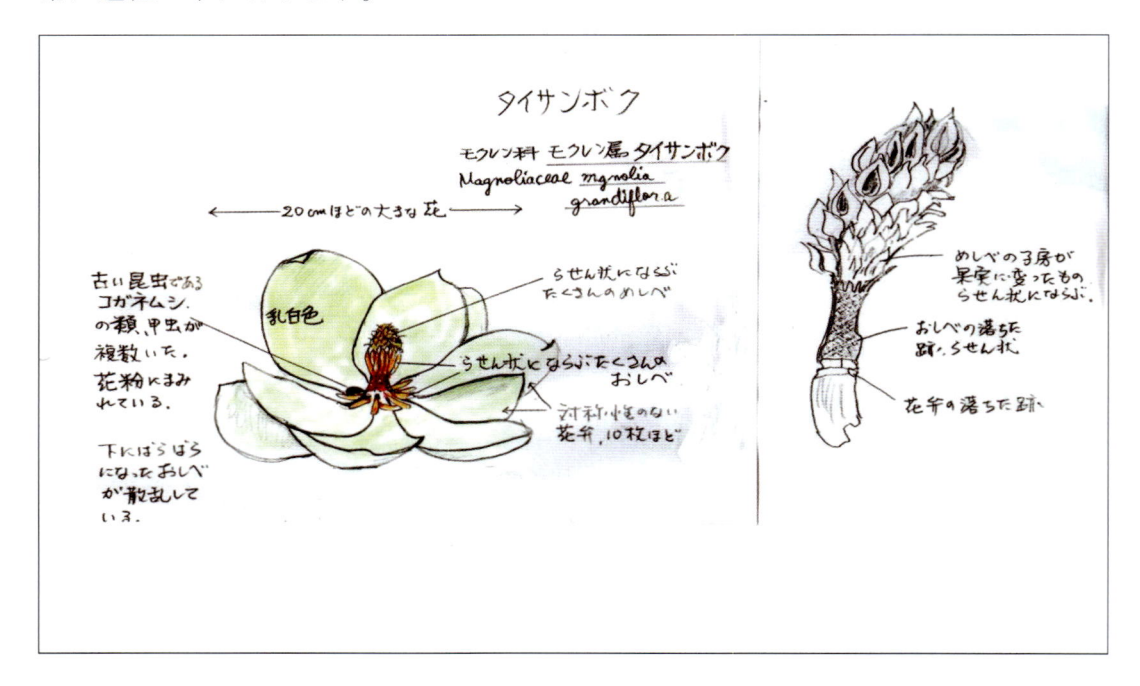

8　たくさんの記録がたまってくることが予想されるので、紙の大きさ厚さなど保存を

考えて自分流の一定のものを決めておいたほうがよいでしょう。普通のＡ４のコピー用紙でもいいですが、Ａ４ですこしだけ厚い紙（たとえば紙厚 104.7g/m² 0.115mm）がいいでしょう。

9　植物をスケッチして自分で気づく「例」が後ろのページに載っています。
　　まちがって理解していたことや、観察不十分なところを後から消しゴムで消して、追加したこともあるものです。
　　これから、さらに変更や追加がおこるかも知れません。

　　これらはあくまで例です。大きな図鑑でさえ２４万種の花を集めきることはできないでしょうから、私たちが一生かかって植物を描いてもひとつの例を描いたくらいにしかなりません。
　　しかし、たとえばシソ科の花一種を丁寧に一度描いておくと、園芸種などで名前の知らないシソ科が出てきてもおおよその見当がつくようになりますので、シソ科全部を描く必要もないでしょう。

10　最後に載せた後ろのみひらきの図表は大阪自然史博物館発行の本のなかにある、「陸上植物の系統図」です。この図表は上記博物館の塚腰氏の了承を得て載せてあります。
　　私たちがどんなに植物スケッチを続けていても個人では「気づく」ことができないであろう植物の進化の系統図です。化石に基づく学問の成果というべきものです。

　　私たちがふだん目にしている、約２４～３０万種におよぶ、現在の被子植物の位置がわかります。

　　新しい植物である被子植物類でも数千万年生き延びています。さまざまな試練、生存競争をへて、現在咲き誇っています。

　　そして、その被子植物の未来はどのように想像できるでしょうか。
　　スケッチをとうして、何千万年、何億年単位の植物の世界を考えてみるのも、ときにはおもしろいものです。

スケッチして気づく
シャガの例

アヤメ科、アヤメ属、シャガ
Iridaceae　Iris　japonica

花にはおしべ、めしべ、花弁、がく、がある・・・はずですが。
（裏表紙参照→）

シャガの花を普通にスケッチしてみるとそれらが見当たらない。

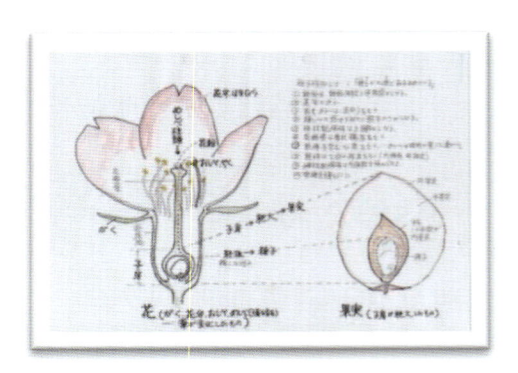

　そんなはずはないと思い直して、花弁（内花被片、外花被片）を取り外してみると、子房が出てきます。子房はめしべの手がかりです。
　子房と花柱と柱頭でめしべですから、ここではじめて白いひらひらしたものが柱頭であることがわかります（正確にはひらひらしたものの付け根が柱頭）
　つぎにおしべが見つからない。さがしているうちに、花柱の裏にへばりついているものがおしべであることがわかってきます。
　普通、右上の図のように花のめしべとおしべは分かれて生えていますが、めしべの花柱におしべが付いているかたちになります。
　おしべ、めしべがわかってみると、とても凝った花であることに気が付きます。凝りすぎて実用を通り過ぎた、飾りだらけのドレスのような感じがします。
　蜜標をつけ、花粉もつけて昆虫を呼ぶ仕掛けをつくりそのために多くのエネルギーを使って、それでいてこの花は結実しないというのだから、何をやっているのかわけがわからない。

　結実しなくても地下茎で伸びて林の中や川筋などにかなり繁茂しているので成功した生き方をしているように思えます。
　またはアヤメの仲間は根に毒を持つものが多いので、地下茎を食い荒らす動物がいないことをいいことにそれで繁殖しているのかなとも思えます。

　葉は全面、裏の単面葉です。（一般に葉には表と裏がありますが、ネギと同様、シャガの葉は裏面だけからできています。単面葉と言います。）　単面葉でありながら、あたかも表面と裏面があるように濃淡があります。こうしなければならない理由がわからない。

　わけのわからないことが多いことがわかった花でした。

4月　シャガ（射干ヒオウギの漢名）

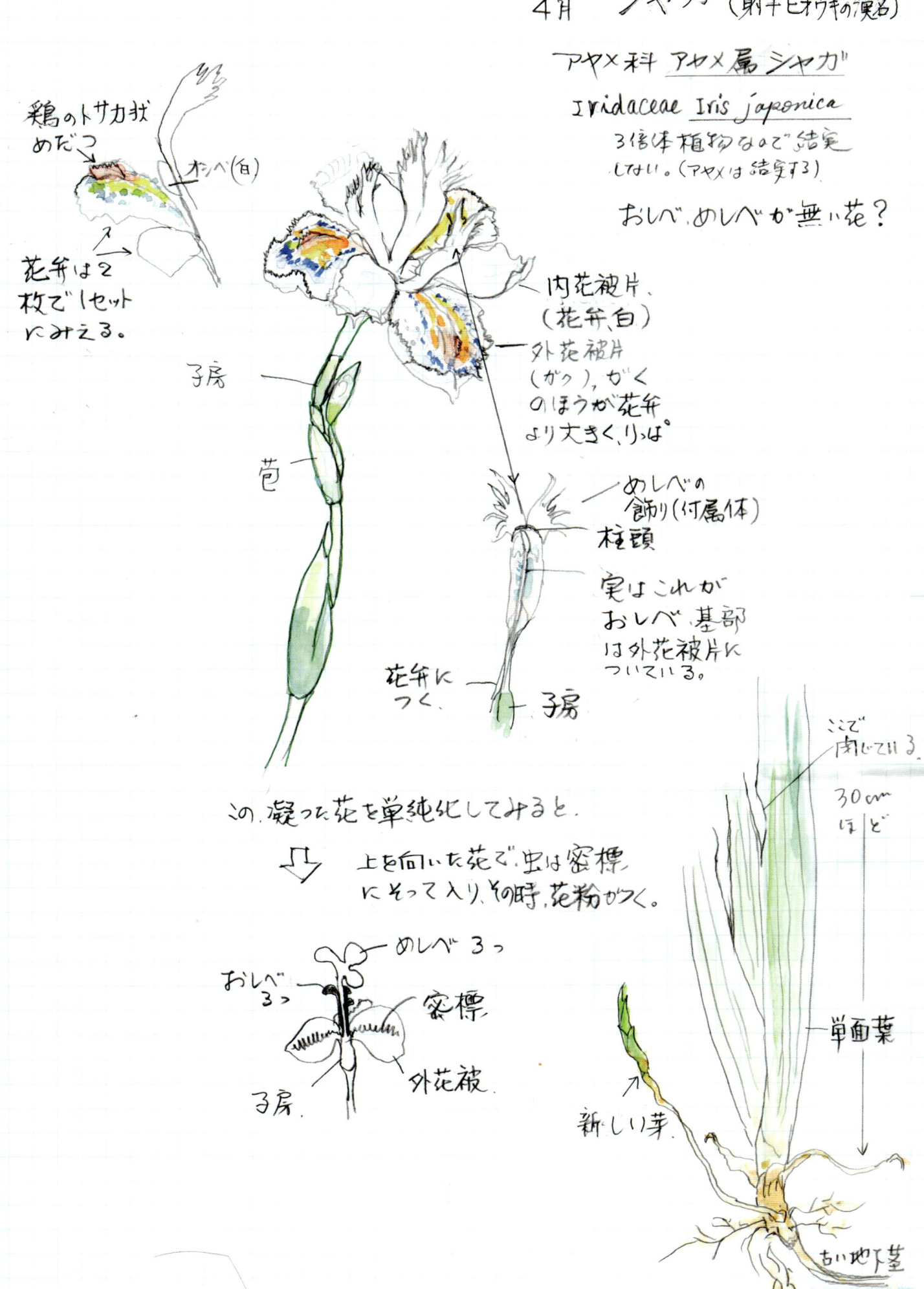

アヤメ科 アヤメ属 シャガ
Iridaceae Iris japonica
3倍体植物なので結実しない。(アヤメは結実する)

おしべ、めしべが無い花？

鶏のトサカ状めだつ
オシベ（白）
花弁は2枚で1セットにみえる。

子房
苞

内花被片（花弁、白）
外花被片（がく）、がくのほうが花弁より大きく、りっぱ

めしべの飾り（付属体）
柱頭
実はこれがおしべ、基部は外花被片についている。

花弁につく
子房

この、凝った花を単純化してみると、
⇩
上を向いた花で、虫は蜜標にそって入り、その時、花粉がつく。

めしべ 3つ
おしべ 3つ
蜜標
外花被
子房

ここで閉じている
30cmほど
単面葉

新しい芽
古い地下茎

スケッチして気づく

イチジクの例

（無花果）

クワ科　イチジク属　イチジク
Moraceae　Ficus　carica

> 参考
> 　イチジク属には、たとえばイヌビワにはイヌビワコバチが存在していて花が昆虫を飼育しているような有名な共生関係があります。
> 　栽培種のイチジクにはコバチは存在しない。また雌雄異株でありながら日本には雄株は存在しないとされています。

　描いてみて、イチジク属は独自の進化をとげた花だなーと思われます。普通は果物として果物屋で売っているが、これ全体が小さい花の集まりです。花の集まりではあるが、受精なしで小さい花は果実として肥大すると言われていいますので、受精しないで種ができていることになります。

　イチジクを描いていて、勝手な推論をしてみました。

　イチジクを展開して開いた花だと仮定すれば最右図のようになります。うん千万年まえ、たくさんの花が集合花として上を向いて咲いていたと考えらます。イタビの花から想像して中心部に雌花（めしべではない）、周辺部に雄花（おしべではない）が集まった花と思われます。（しかしこんな構造の花は見たことがありませんが。）たくさんの種類の昆虫が無差別に訪れて受粉していたことでしょう。

　イチジクはある特定の昆虫だけを相手にするように進化してきたと思われます。花をすぼませ小さな出入り口を作りイチジクコバチだけが出入りして受粉を行わせるようにしました。（コバチの発生は約一億年前）

　そのかわりイチジクコバチは他の属、種の花を訪れることなくイチジクだけの受粉をするように共に進化してきました。コバチは冬の間の居場所と食料を提供してもらう代わりに、受粉が終わったら、雄のコバチは外へ出られない仕組みになっているのでイチジクのなかで死ぬことになります。不要となった雄に外に出る自由はいらないという過酷なものですが、雄もその運命に甘んじることにしました。と推測しました。

　イチジクの茎、葉、葉から白い乳液が出ます。昆虫などに食われた時に対応するためといわれていますが、カミキリムシにはひどく食害されて立ち枯れするほどです。

　イチジクの仲間のオオイタビやヒメイタビも観察してみると、とても特殊で面白いです。これらも、オオイタビコバチ、ヒメイタビコバチと共生しています。

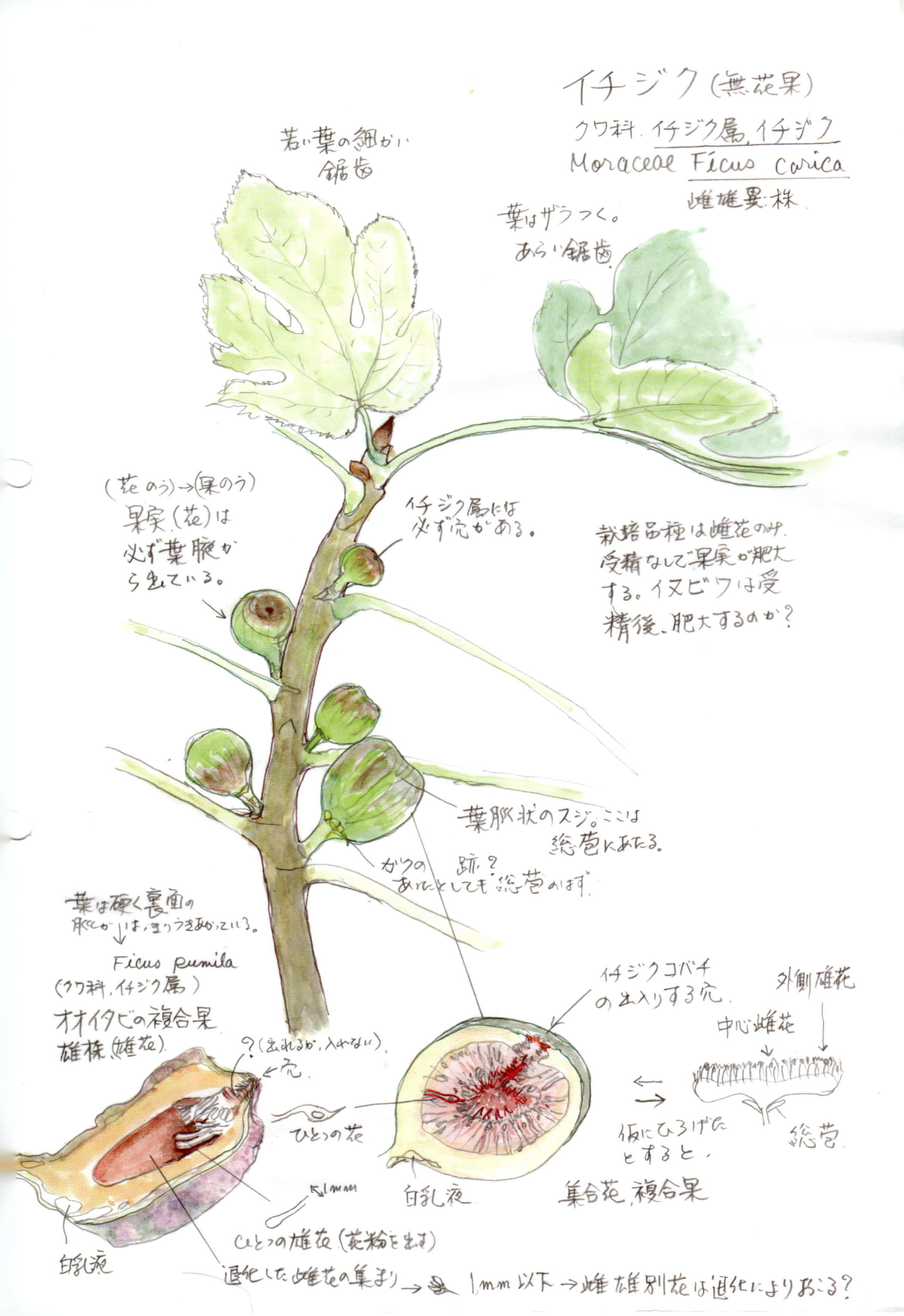

イチジク（無花果）
クワ科. イチジク属. イチジク
Moraceae Ficus carica
雌雄異株

若い葉の細かい鋸歯

葉はザラつく。
あらい鋸歯

(花のう)→(果のう)
果実(花)は
必ず葉腋か
ら出ている。

イチジク属には
必ず穴がある。

栽培品種は雌花のみ.
受精なしで果実が肥大
する。イヌビワは受
精後、肥大するのか？

葉脈状のスジ。ここは
総苞にあたる。

ガクの 跡？
あったとしても総苞のはず.

葉は硬く裏面の
脈などがはっきりうきあがっている。
Ficus pumila
(クワ科, イチジク属)
オオイタビの複合果
雄株(雄花)

？(出れるが、入れない)
←穴.

イチジクコバチ
の出入りする穴.

外側雄花
中心雌花

ひとつの花

仮にひろげた
とすると.

白乳液

集合花, 複合果

総苞

白乳液

ひとつの雄花(花粉を出す)

退化した雌花の集まり → 1mm以下 → 雌雄別花は進化によりおこる？

スケッチして気づく
アカマツの例

マツ科　マツ属　アカマツ

Pinaceae　Pinus　desiflora

　5月ごろ枝の先端部分をスケッチするとよいでしょう。その理由は雌花と雄花を別々の位置で同時に観察できるからです。

参考

　このマツは種子植物**門**、裸子植物**亜門**、球果植物**綱**、球果植物**目**、マツ科、マツ属、アカマツです。きれいな花の咲く被子植物は約1億年前に地球上に現れましたが、裸子植物である球果類はそれよりはやく2.5億年ほど前に現れた古い植物です。

　球果類は62属、670種〜1000種しか残っていない。被子植物は約30万種と言われています。P19参照

植物界、門、綱、目、科、属、種・・・　ゆくゆくは憶えたほうがいいでしょう。特に目以下。

　一般に、アカマツのような裸子植物はスケッチしようという気にはあまりならないが、ただ、ただ、スケッチしてみるといろいろな発見があります。

　枝の頂点に裸子植物としては以外にきれいな紫色の雌花があります。一般に裸子植物は風媒花なので昆虫を相手にしません。したがってきれいな色素は無いのが普通です。

　そのずっと下に黄色の雄花があります。

　雄花の下にちょうど一年前の雌花が成長して緑色の松ぼっくりの形であります。この松ぼっくりは一年たってもまだ種をばら撒けません。観察を続けるとさらに6〜7か月かかります。これでは一年以内に花を咲かせ種をばら撒いて、自分の遺伝子を素早く変えてしまう被子植物には負けてしまうなーと思えます。

　針葉樹などの裸子植物は被子植物におされていく過程にあると思われます。イチョウなどは1目1科1属1種の1種しか残っていません。一方被子植物は、現在の地球上に適応して大成功の生き方をしています。（裏表紙みひらきの図参照）24万種〜30万種。

　葉はいわゆる「松葉」という対生の二枚のセットです。これらは短枝についています。長枝には2本セットが互生でらせん状についています。テーダマツなど外国産のマツは3枚葉が多いです。五葉松（御用松ではない）は短枝に5本の松葉があります。

マツの球果はスギなどに比べて大きく、頑丈で、それだけムダに思える。
断面図

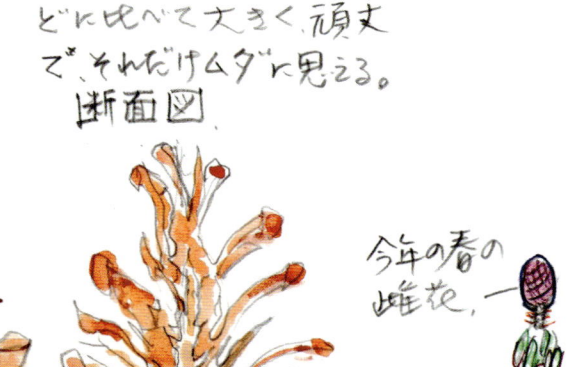

アカマツ
Pinus densiflora
5/20

今年の春の雌花
新葉
種子
固い木質

リスの食痕、エビフライ
（リスの存在を示す）

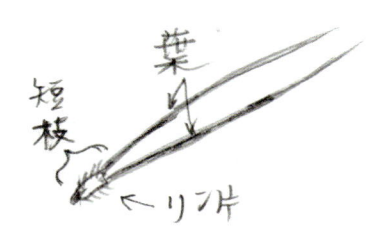

今年の雄花
花粉多し

葉
短枝
←リン片

書物に「葉は、短枝の先端の2リン片がとくに発育してできたもの」とある。ほんとうだろうか。

1年たった前年の雌花
→球果（1年経過）
→2年目の秋
今年の秋に種子を出す。

2葉

葉は長枝には互生について短枝には対生または輪生というかわった植物

受粉後、受精までに13ヶ月を要し、種子が散布されるのは受精後、6〜7ヶ月目である。
（生物事典より）

マツやには何のため？
対食害のためか？

マツの直根性が津波に耐える？耐えない？

葉の断面図
アカマツ　テーダマツ　ゴヨウマツ
クロマツ

スケッチして気が付く
イヌマキの例

マキ科、マキ属　イヌマキ

Podocarpaceae Podocarpus macrophyllus

1月

> **参考**
> 　コウヤマキは　スギ科、コウヤマキ属、コウヤマキでイヌマキとは「科」の段階で違う植物です。葉が似ているために両方に「マキ」と名がついているに過ぎません。
> 　ここに雄花、雌花はスケッチされていませんが、雌雄異株です。ソテツ、イチョウ、針葉樹類など年代的に古い樹種は雌雄異株のものが多です。針葉樹でもマツ科などは雌雄同株があります。

　イヌマキ、イチイ、カヤなどを観察したり、スケッチしてみると種子は松ぼっくりのような球果ではなく、被子植物の液果（この場合、仮種皮）に似ています。
　イチイ、イヌマキとコウヤマキを同じ針葉樹としてあつかっているが素人目にもかなり違う植物だろうという感じはもちます。球果をもつものと仮種皮をもつものとは大きな違いとおもえるので、、遠い遠い関係にあるだろうと思いました。

　しかし、最近の植物のDNA解析からするとイチイ、カヤなどはヒノキ科にとても近い植物だそうです。感覚的なものとは大きな違和感があります。
　この小冊子のめざすところは「スケッチ観察によって植物の仕組みに気づく」ということですが、これが崩れていく感じがしました。DNA解析による分類は絶対です。観察だけからは「他人の空似」を見抜けないことになります。じつは今までの観察による分類方法はクロンキス法、新エングラー法の分類方法で、新しいDNA解析にとって代わられようとしています。特に被子植物についてはAPG分類体系と言います。

　ちなみに私の持っている古い植物図鑑では「裸子植物亜門はソテツ綱ソテツ目、イチョウ目、イチイ綱イチイ目、球果植物綱球果植物目、マオウ綱マオウ目」に分類しています。イチイを特別に別れた位置に分類していることになっています。私の感覚はこちらの古い分類に近いです。
　両方から学ぶ必要があります。

　どこにでもある、イヌマキの赤い実をスケッチしたら、松ぼっくりとの違いに気づき、さらに何千何百万年前に別れて進化し続けた植物の姿に気が付きます。

イチイ
仮種皮

イヌマキ 犬槇
1月, マキ科 マキ属 イヌマキ.
Podocarpus macrophyllus
(足)(果) (大)(葉)

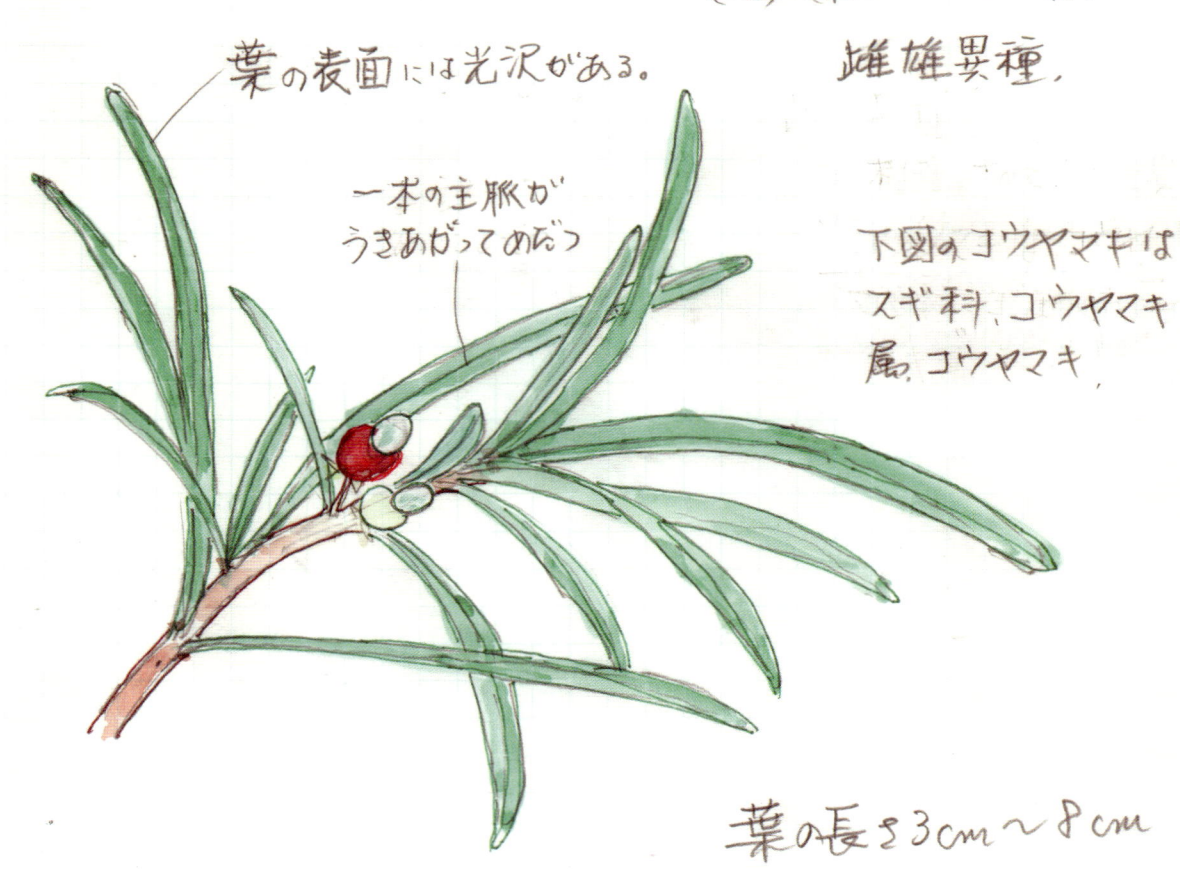

雌雄異種.

葉の表面には光沢がある。
一本の主脈がうきあがってめだつ

下図のコウヤマキは
スギ科, コウヤマキ属, コウヤマキ

葉の長さ3cm〜8cm

互生. 葉柄なし.
裏面やや白緑色. 主脈一本めだつ

幹のはだは、いわゆる針葉樹的（ナギだけが違うと思う）

9mm
7mm
葉
白い粉状のもの
種子
仮種皮, 甘い
2つのくぼみがある。
みぞ？
ガクが2枚と関係ある？
↑ガクが2枚. がくとは言わない？

断面図

コウヤマキの若い球果
8cmくらい

スケッチして気づく
フジバカマの例

キク科　フジバカマ属　フジバカマ

Compositae <u>Eupatorium japonicum</u>

　「フジバカマ」(絶滅危惧種)として園芸店で売っていたものを庭へ植えました。宿根草の株も増えて秋になって淡いピンク色の花が咲きました。その時のスケッチ図です。
　山上憶良はこの花を秋の七草に選んだが、なんとも地味な花だと思います。
　刈り取った葉のにおいを嗅いでみるとフジバカマ特有のクマリンの香りがしました。フジバカマと信じ込んでいたので友人に株を分けてあげたりしました。

　一年もたってから、同じフジバカマ属のサワヒヨドリを図鑑で調べていた時、フジバカマの茎の色は緑色で、サワヒヨドリのそれは褐色であることに気が付きました。
　フジバカマと信じ込んでいたこの花はサワヒヨドリの花だった、と思ったが、サワヒヨドリはクマリンの香りを持たない。ではこの花は何だ。

　フジバカマとサワヒヨドリの交雑種だ。
　スケッチをしてから、ここに気が付くのに二年かかったことになります。しかし自分のスケッチはいろいろなことに自分できずかせてくれました。

　この交雑種は自然界でごく当たり前に自然にできるものであるならばフジバカマは絶滅危惧種には指定されなかったのではないか。この交雑種は人間が介在して作り上げたものだろうと推測されます。

　また交雑種の学名というものはどうなるのだろうか。たぶん人間が最近作り上げた種だから学名はまだないはずだが、調べてみると右図のように出ていました。自然に交雑種ができるのであれば何万年も前から存在していたはずで、学名も決まっていたはずです。

　インターネットでこの交雑種に「サワフジバカマ」という和名が付いているのを知ったのはつい最近のことです。

{ これは、園芸種のフジバカマで
サワヒヨドリとフジバカマの雑種。
サワフジバカマという和名を
もつものである。学名
Eupatorium × arakianum となる。}

フジバカマ (藤袴)
キク科 フジバカマ属
Compositae Eupatorium japonicum
10月.

花の色は、
薄いピンク
(フ系).

― めしべの2本の柱頭がめだつ。中におしべが数本入っているがみえない。

このあたりの葉は互生
しかも単葉

ひとつの花の中に
5つの筒状花が
入っている。
花の香りと、乾燥
茎葉はクマリンの
香り。(フ系)

茎は褐色。
サワヒヨドリ
ほど濃い色
ではない。
(サ系)

葉には短い柄が
ある。普通は対生。
深く3列する。(フ系)

[フジバカマの特徴]

葉には短い柄がある。対生。
三深裂するのが普通だが
上部は単葉。葉を乾
燥するとクマリンの香りが
する。古代の香り。
茎は薄い緑色。

[サワヒヨドリの特徴]

葉柄はほとんどない。
茎が褐色なのが特徴。
葉は時に輪生ときに対生。
クマリンの香りはしない。
花の色は赤い部分もある。

オニグルミ

クルミ科 クルミ属 オニグルミ
Juglandaceae Juglance mandshurica var. sieboldiana

雌花. 5月.

← 花柱は二裂している。二心皮性。花弁もがくもない。

子葉 9～15枚 鋸歯あり。

雄花図、
前年の枝

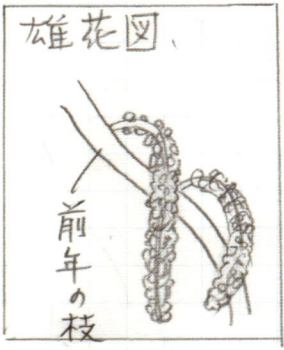

雄花はクルミ属特有のたれさがった形。風媒花だが、雌花の赤い柱頭は虫媒花のなごりか？

オニグルミ→サワグルミ→ノグルミ、虫媒花から風媒花へ移行した例のひとつとされる。

この果肉はすぐに黒く腐り、とり除かれる。

果実(10月)　　内果皮(核)ということ。 　　種子。子葉、胚乳はでない。

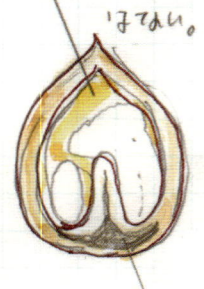

種子の表面には葉脈状のうすいモヨウがみえる。

脂肪 60%
栄養分はラッカセイに似る。

葉脈の残り？(主脈側？)

二本の深い溝 合着面

この溝の位置は一致している。

中空、水に浮きはこばれる。

この割れ目と

二つの割れ目と解釈してもよいかもしれない程度のもの 二心皮性のあらわれか

一心皮性のモモの核果と二心皮性のオニグルミの核果とは、おのずと形が異る。

モモの核果

あきらかに葉脈のでている。

主脈側

2013.12.1

アイビーゼラニウム

フウロウソウ科
テンジクアオイ属
アイビーゼラニウム
<u>Pelargonium zonale</u>

コウノトリから
pelargos 「環状の紋のある」

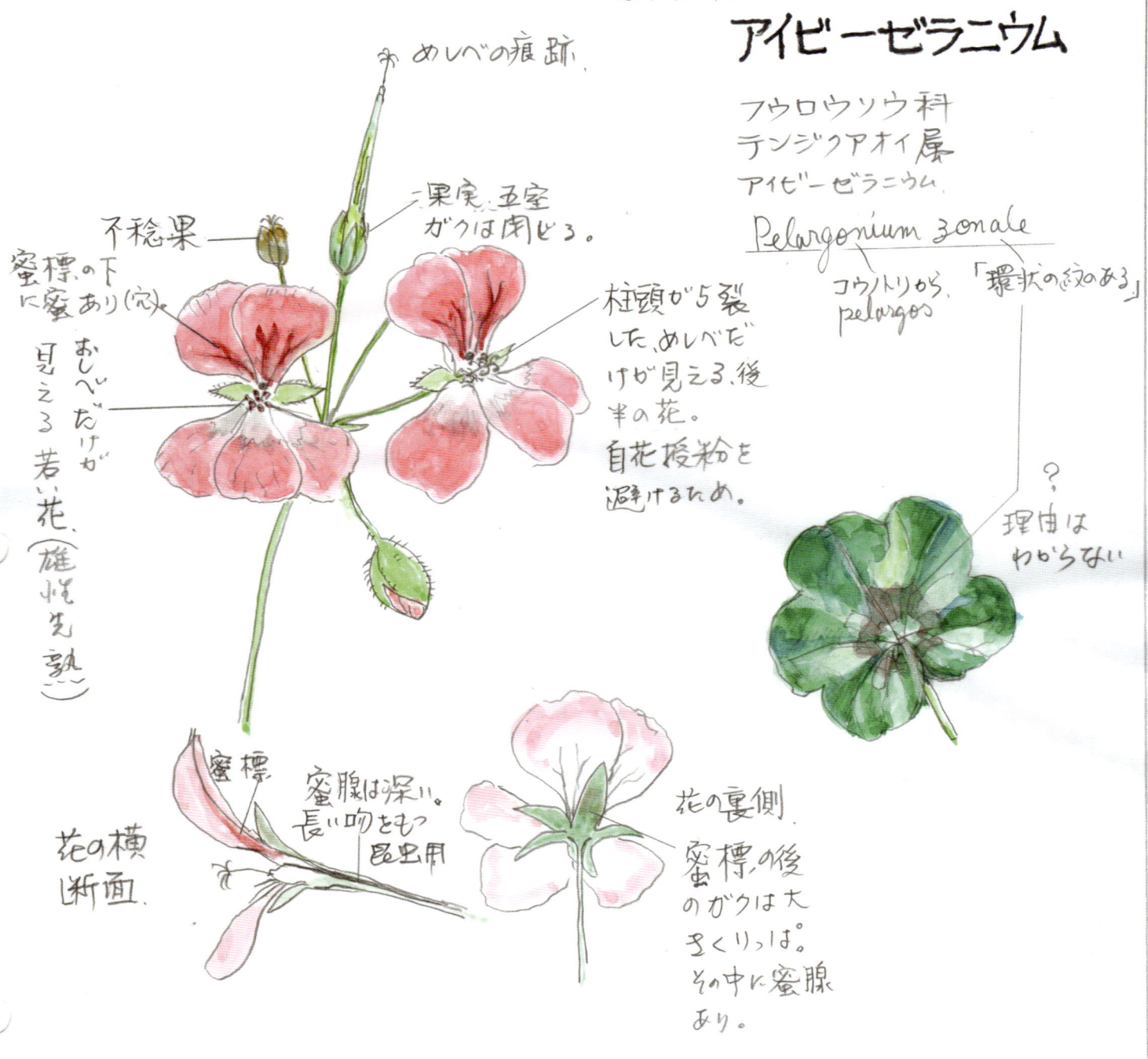

- めしべの痕跡
- 果実、五室 ガクは閉じる。
- 不稔果
- 蜜標の下に蜜あり(穴) おしべだけが見える若い花。(雄性先熟)
- 柱頭が5裂しためしべだけが見える。後半の花。自花授粉を避けるため。
- ? 理由はわからない

花の横断面
- 蜜標
- 蜜腺は深い。長い吻をもつ昆虫用

花の裏側
- 蜜標の後のガクは大きくりっぱ。その中に蜜腺あり。

蜜標の根元に蜜腺があり蜜を出している。花は横向きに咲く。対称線は1本である。何千万年前は対称は5本あり、上を向いて咲いていた花であろう。不特定多数の昆虫がおとずれていたと思う。しだいにチョウのような長い吸蜜器官を持つ昆虫だけを相手にするように、蜜標をつけ、蜜腺を一ヶ所にするように進化してきたと思われる。
蜜標を読みとる能力のある昆虫、チョウ、マルハナバチなどを相手とする。進化した

蜜標
蜜腺

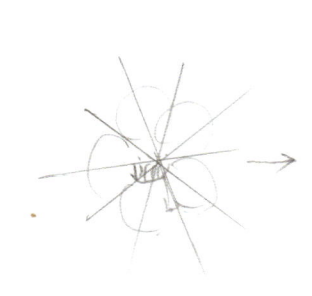

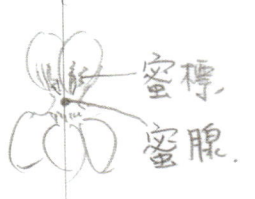

2017.3.4. 葛城市, 染野
クリスマスローズ

キンポウゲ目
<u>キンポウゲ科</u>
Ranunculaceae
クリスマスローズ属.
（ヘレボルス属）
<u>Helleborus</u>
クリスマスローズ
（ヘレボルス）
<u>Helleborus</u>
<u>niger L.</u>
（英）helleborus

【上の花の図の注記】
- がくだから、葉脈的なものがめだち、緑色がまざっている。
- 花は下向に咲く。
- おしべ とにかくたくさんある。
- めしべ、5～10. おしべと区別つきにくい。（咲きはじめ）
- がくはない?
- この筒状のものは何か？中に蜜が入っている。
- 中に蜜 位置からして、花弁ということになるのだが。
- 苞葉ということになる
- （多心皮性）古い植物
- 一心皮性とは？（キュウリの例）

↓別の花

【下の果実の図の注記】
- 白いがくだったが、がくらしく緑色が濃くなった。
- 長い間、残る。がくだから。
- 多心皮性の果実
- 気がついたことを後から書きこむ。何年後でもよい。まちがいなど修正する。
- <u>花後の果実の図</u>
- 多数のおしべと、花弁＝蜜筒も落ちてなくなっている。

キンポウゲ科は、花弁が退化し、ガクが花弁状になったものもある。おしべは多数、めしべも複数あり、多心皮である。原始的な花の構造。

リュウキンカ、オダマキ、キンポウゲ、トリカブト、クレマチス、アネモネなど。アルカロイドを含み、有毒植物が多い。一部は漢方薬、医薬品としても用いられている。単純なつくりの花で、進化を止めた花、原始的な花と言われている。

後日、根なども書き込むとよい。

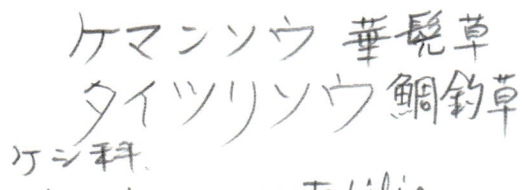

ケマンソウ 華鬘草
タイツリソウ 鯛釣草
ケシ科
Dicentra spectabilis
4月24日
宿根草

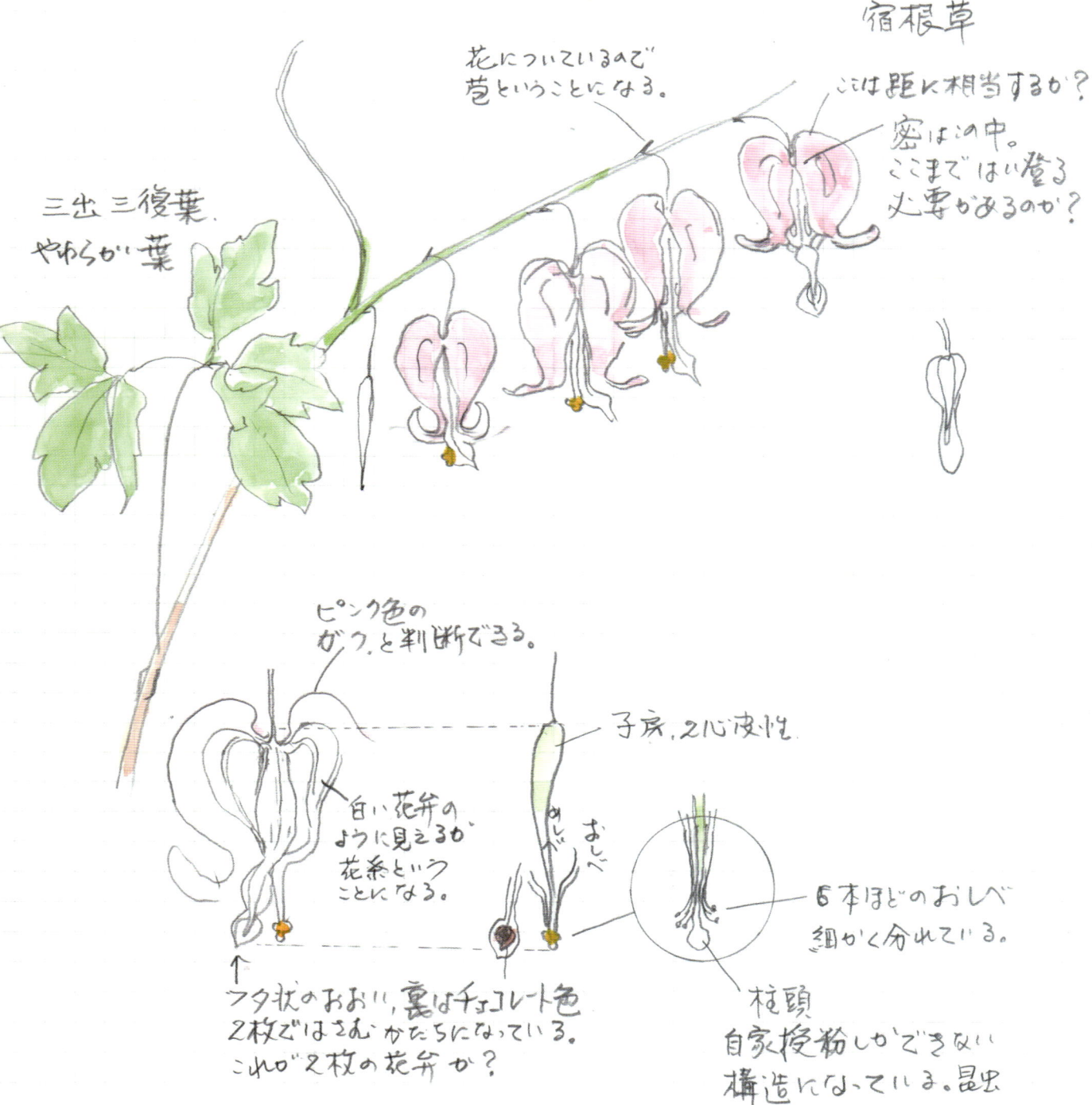

三出三復葉
やわらかい葉

花についているので
苞ということになる。

これは距に相当するか？
蜜はこの中。
ここまではい登る
必要があるのか？

ピンク色の
ガクと判断できる。

子房、2心皮性

白い花弁の
ように見えるが
花糸ということ
になる。

おしべ

6本ほどのおしべ
細かく分れている。

柱頭
自家授粉しかできない
構造になっている。昆虫
の介在する余地がない。

↑
フタ状のおおい、裏はチョコレート色
2枚ではさむかたちになっている。
これが2枚の花弁か？

- 87 -

コウホネ
スイレン目
スイレン科 Nymhaeaceae
コウホネ属 Nuphar
N. japonicum

柱頭なごり
果実

めしべの集まり
固いかたまり
14頭、多心皮性

がく
5枚

おしべ多数
やく
花弁と判断できる。

水中葉　アオサのよう
半透明.

根茎を縦割りにしたものは川骨(センコツ)と言い、日本薬局方の生薬である。調栄湯に用いる。(治打撲一方に配合される)

-88-

コセンダングサ

トゲはガクが変化したもの。ひっつき虫になる。

キク目
キク科

センダングサ属
コセンダングサ
Bidens pilosa var. *pilosa*

北アメリカ原産。
要注意外来生物指定

花の部分（上部スケッチ）

- めしべ
- おしべのやく
- 合弁花
- 長さ透明のトゲ
- ガクに相当する
- 子房下位、子房が長く成長する
- 柱頭の痕跡
- 果実（中に種子）
- 5mm / 2mm / 10〜15mm

下部スケッチ

- 総ほう
- センダングサ（4稜あり）
- アメリカセンダングサ

トゲが三方に分かれる所が花の痕跡になるはず。タンポポとの比較をするとよい。

- めしべ
- 合弁花
- がくが変化したもの

2006.9.15
二上山、ふるさと公園地。

ゴンズイ
権萃　クロッソマ目、
Euscaphis japonica
ミツバウツギ科ゴンズイ属
(一種のみ)

特徴、表がピンクがかった
裏はうすい緑色の実（9月）→毒々しい赤になり
　　　　　　　　　　　　裂開すると黒い実。

○花

5枚の羽状複葉、
小さい鋸歯。

かなりの大木。
日陰の木

ミツバウツギ科は
ミツバウツギ、ゴンズイ、
ショウベンノキ、クロタキカズラ
の4種しかないめずらしい科

この黒い実をトリが
食うとも聞えないが？

少し厚みがある。
少し光沢もある。

← 9月の状態 ピンク、

11月の状態

15mm

中に黒い種

6mm

赤色
アケビを
思わせる
肉厚なもの、
やわらかい、シブイ

黒（光沢）
赤（果皮）

5mm
10mm

果実は裂開すると
黒い種子が現れ
この黒い種、石のよう
に固い。どんな
動物が食うのか？

赤い果皮をバックに黒を
目だたせる二色効果か、
赤い果皮を食うついでに
種を食わすという方針な
のか？

-90-

めしべ柱頭
長い6本のおしべと区別しにくい。

長い6本のおしべ

紫色の花粉

黄色い少しの花粉
短かいおしべ、多数

ふりるのついた6枚の花弁。ガクと合着している。

サルスベリ
フトモモ目
ミソハギ科 サルスベリ属
Lythraceae Lagerstroemia indica

シマサルスベリ
沖縄、台湾、中国南部に分布
互生、または対生。白花。
サルスベリより高木になる。
葉先は尖り、花は小形で多数。

コクサギ形葉序→

シキミ (樒,梻)

マツブサ科 Schisandraceae
Magnoliaceae モクレン科
Illicium religiosum

シキミ属 シキミ
(仏事に使う。寺院ではハナノキという)

古い形の花であることがわかる。(APGではアウストロバイレア目でモクレン科ではない。モクレン目よりもっと古い。)

葉は互生、全縁
花柄は赤褐色。

長い不規則な花弁と思われるもの12枚。

ガクと思われる短かく巾広いもの5枚。

めしべ5本、独立して。本来は8本?
(独立した多数のめしべは、モクレン科に似ている。)

おしべ20本以上。めしべのまわりに5線状にとりまいている。

構造的にはモクレン科に似ている。

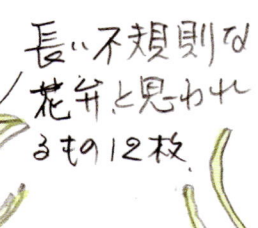

断面図

全体に毒 (アニサチン)
抹香とはシキミの葉や幹を粉末にした香。
八角の果実はインフルエンザの治療薬タミフルの原料。
原料であって、食べてインフルエンザに効くわけではない。

シキミと八角はよく似ている。同じシキミ属。

漢方の八角。(スターアニス、大茴香) star anise

果実の集合体。モクレン科の集合果に相当。

種子 8mm
1cm

1つの果実。アウストロバイレア目、マツブサ科
果皮はよい香りと甘味がある。
この果実も一枚の葉、心皮からできたことになる。種子も使用

—92—

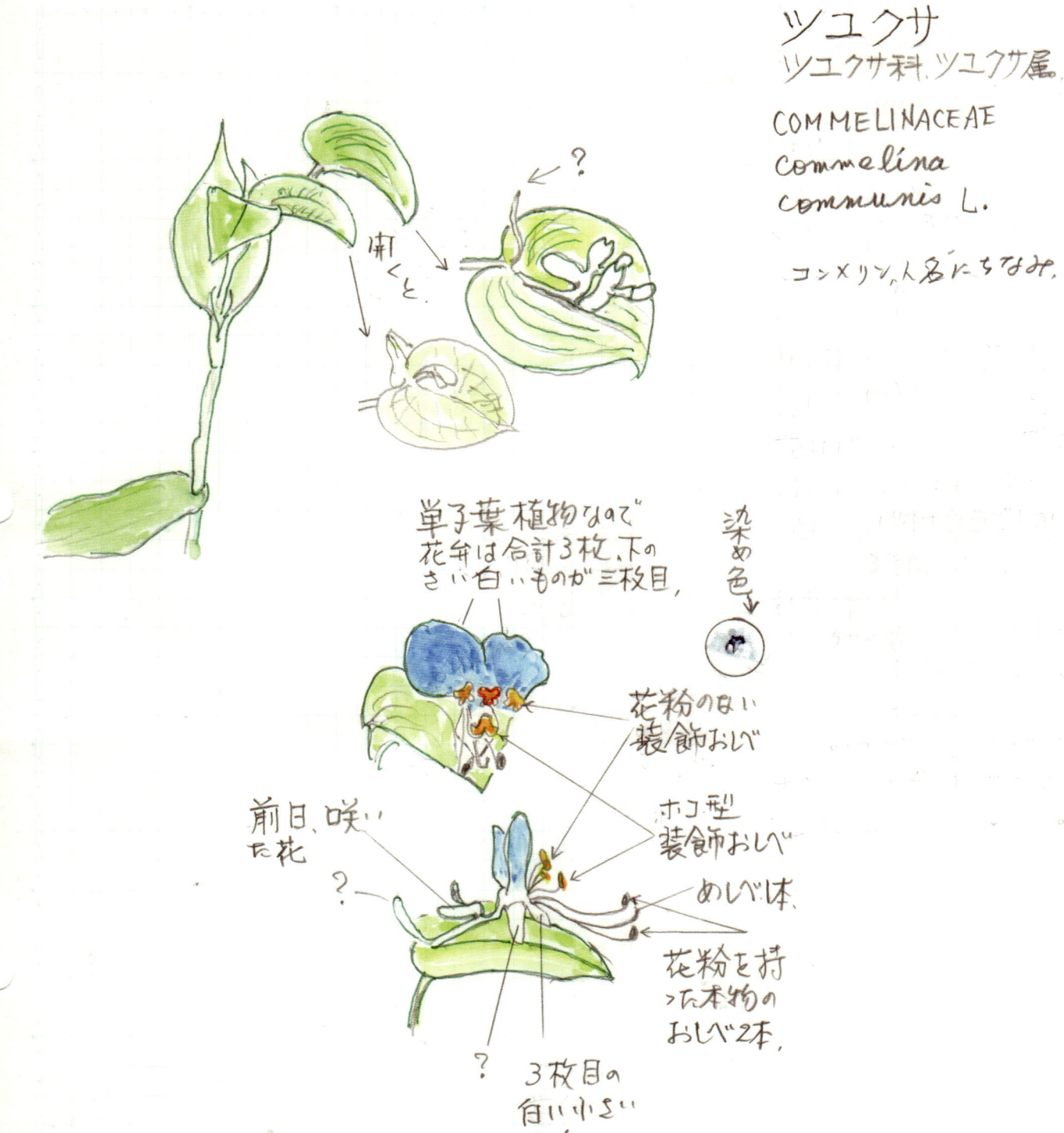

ツユクサ
ツユクサ科. ツユクサ属.
COMMELINACEAE
commelina
communis L.

コンメリン、人名にちなみ.

開くと.
?

単子葉植物なので
花弁は合計3枚. 下の
さい白いものが三枚目.

染め色

花粉のない
装飾おしべ

ホコ型
装飾おしべ

めしべ体.

前日、咲いた花
?

花粉を持
った本物の
おしべ2本.

? 3枚目の
白い小さい
花弁.

— 93 —

トウゴマ, 唐胡麻 (ヒマ)

キントラノオ目.
トウダイグサ科 EUPHORBIACEAE
トウゴマ属 Ricinus (ダニの意. 種がダニに似)
トウゴマ communis

ヒマシ油の原料.
リシンという毒タンパクを含む.
アフリカ北東部原産.

両性花 →

双子葉類としてはめずらしく子房が3室ある. (トウダイグサ科)の特徴.

上部に雌花 (赤色)
中〜下部に雄花 (クリーム色)
最下部に両性花 (最初に咲く)
をつける.

葉の長さ 40cm以上.
太陽にすかしてみれば緑色にみえる.

葉柄 40cm以上

果実

↕ 1cm 有毒. 種子 3ヶ (ダニに似る)

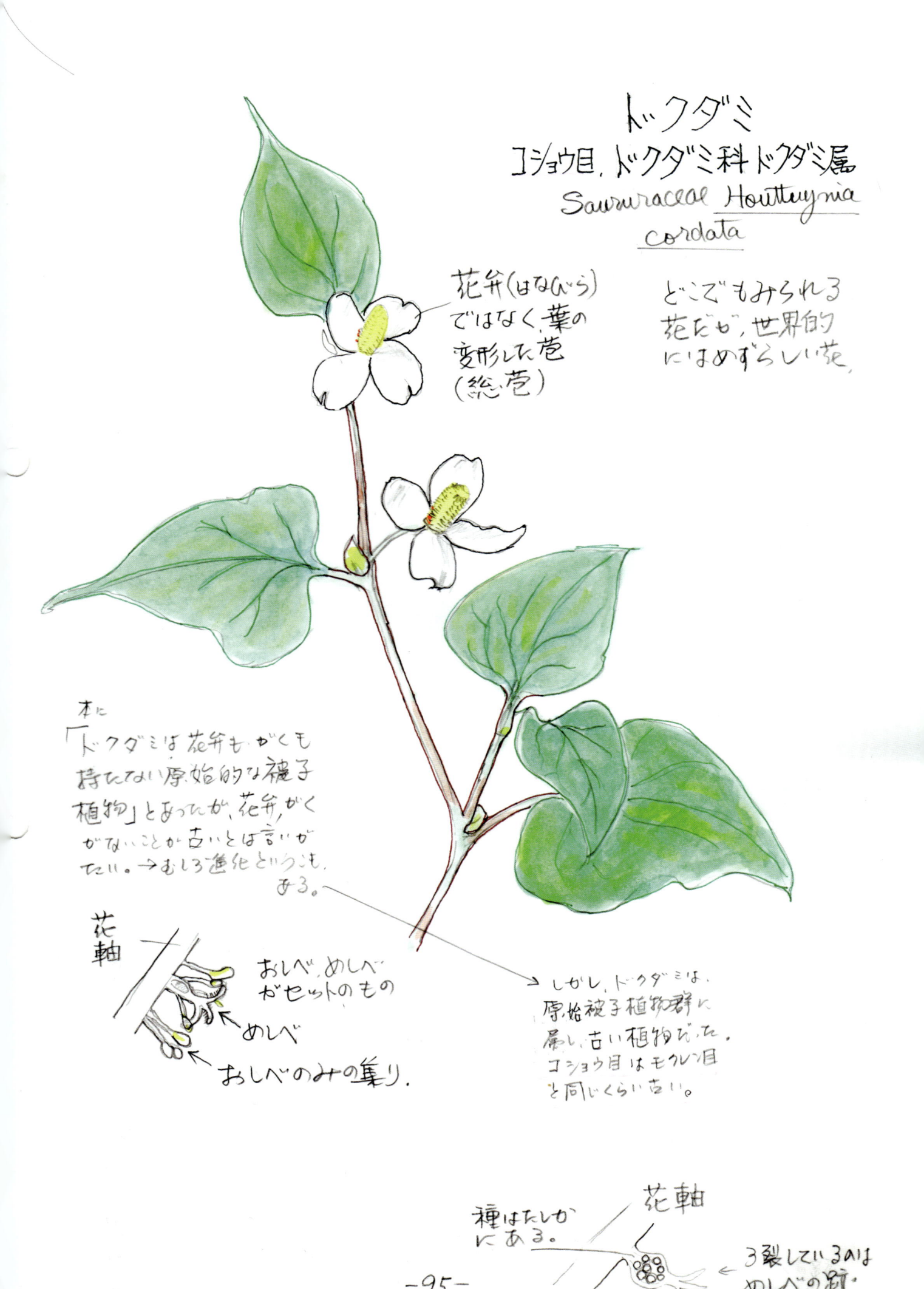

ドクダミ
コショウ目、ドクダミ科ドクダミ属
Saururaceae Houttuynia
 cordata

花弁(はなびら)ではなく、葉の変形した苞(総苞)

どこでもみられる花だが、世界的にはめずらしい花。

本に「ドクダミは花弁も、がくも持たない原始的な被子植物」とあったが、花弁、がくがないことが古いとは言いがたい。→むしろ進化ということも。

花軸
おしべ、めしべがセットのもの
めしべ
おしべのみの集り。

→ しかし、ドクダミは原始被子植物群に属し、古い植物で、コショウ目はモクレン目と同じくらい古い。

種はたしかにある。
花軸
←3裂しているのはめしべの跡。

-95-

ベコニア（シュウカイドウ科）

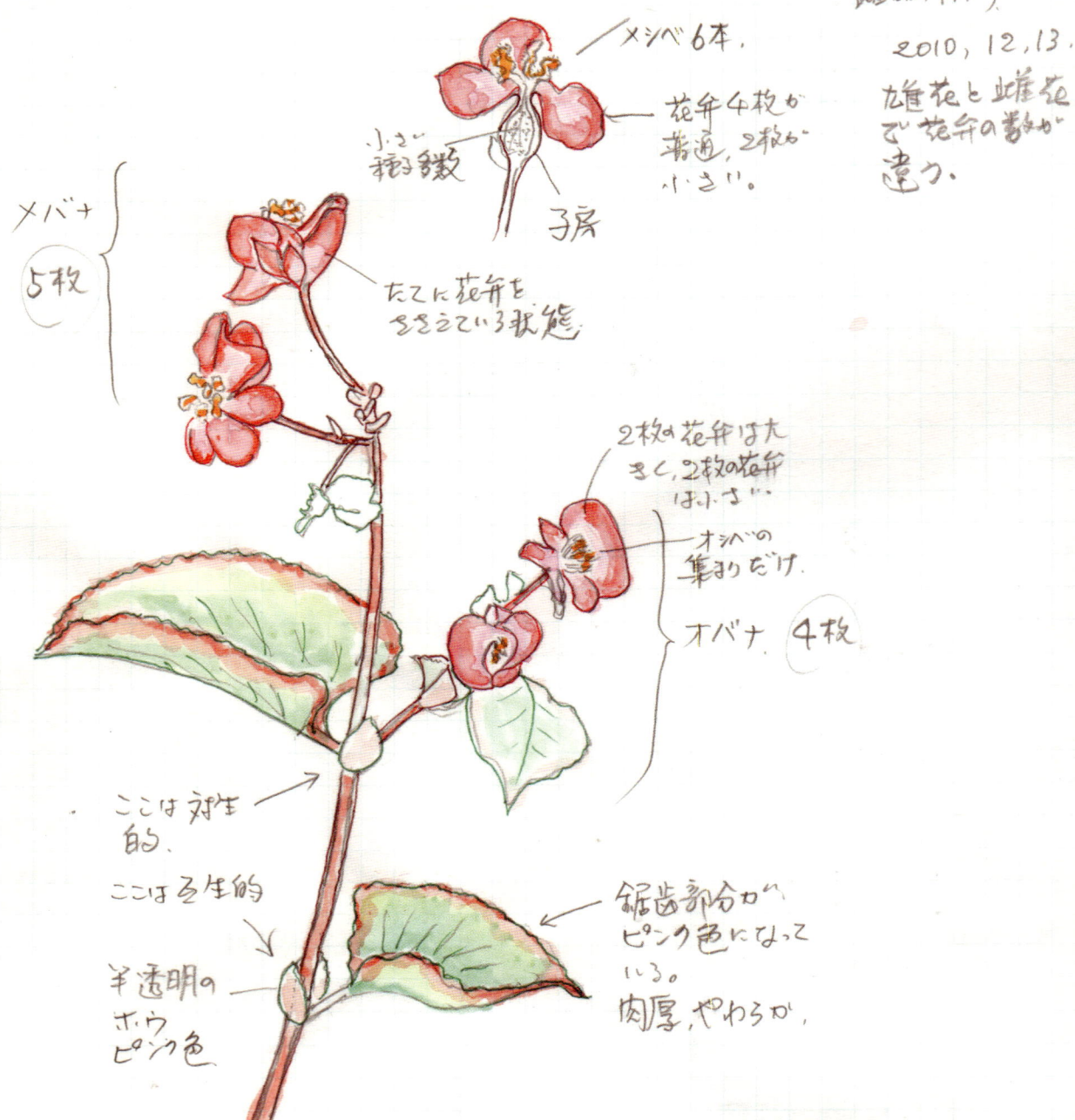

雄花と、雌花が同株
（カボチャ、キュウリ、スイカ、ゴーヤなども雌雄同株）

2010, 12, 13.

雄花と雌花で花弁の数が違う。

- メシベ 6本.
- 小さい花弁
- 花弁4枚が普通、2枚が小さい。
- 子房

メバナ 5枚

たてに花弁をささえている状態

2枚の花弁は大きく、2枚の花弁は小さい
オシベの集まりだけ
オバナ 4枚

ここは対生的。
ここは互生的

半透明のホゾピンク色

鋸歯部分がピンク色になっている。
肉厚、やわらか。

葉は茎脈に対して必ず非対称。

ベゴニアには、雄花しかないのかと思っていた。長い間。しかしスケッチしてみると、雌花があることに気がついた。

葉および茎の色が花の美しさを減少させる。

リュウキンカ（立金花）

キンポウゲ科 RANUNCULACEAE
リュウキンカ属 Caltha
リュウキンカ palustris
（沼地を好む）
ラナンキュラス

キンポウゲ目

キンポウゲ科は被子植物のなかでもっとも原始的な科のひとつ。大きな科で、有毒植物が多く、また薬用植物、園芸植物も多い。

リュウキンカ：和名は花茎が立ち、金色の花をつけることによる。湿地、水辺に生える多年草。

紫外線のわかる昆虫には、外側より、めだって見えるはず。

光沢のある黄色
裏面は暗い色。表がれいつ？

多数のおしべ。

光沢はない。虫にはよく見えているはず。

多数のめしべ。コンペイトうの果実のあつまりになると思える。

花被片

↓

つぼみ ←1cm→

波うっている。

5～10cm

光沢あり。

支脈は網目状

裏面も光沢はある。

-97-

陸上植物の系統

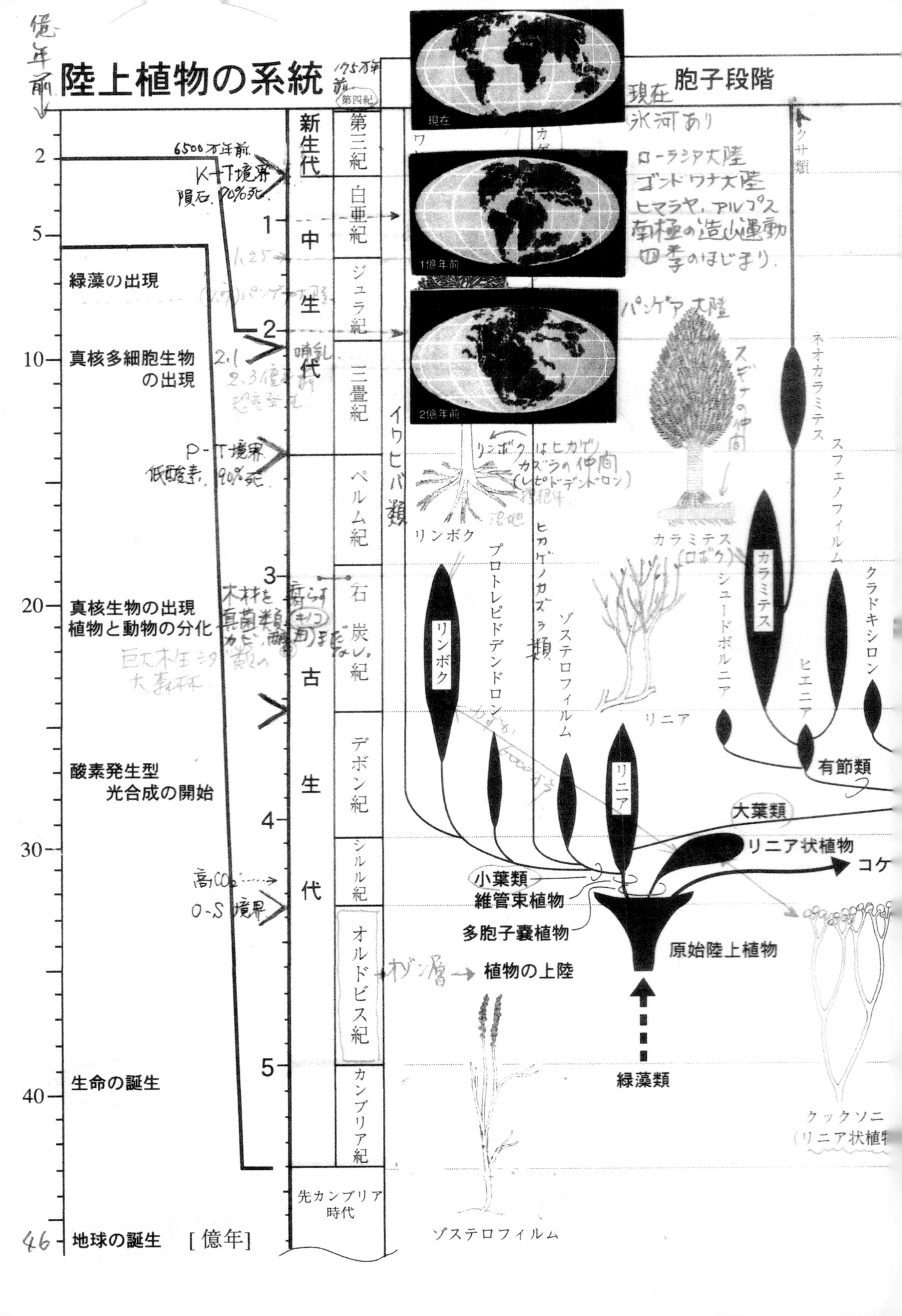

億年前

- 46 — 地球の誕生 [億年]
- 40 — 生命の誕生
- 酸素発生型光合成の開始
- 20 — 真核生物の出現 植物と動物の分化
- 10 — 真核多細胞生物の出現
- 緑藻の出現
- 5 —
- 2 — 6500万年前 K-T境界 隕石 70%死

P-T境界 低酸素 90%死

高CO₂
O-S境界

木材を腐らす真菌類 キノコ カビ 酵母菌
巨大木生シダ類の大森林

2.1 2.3億年前 恐竜発見
1.25
(バ)パンゲア略

地質年代

代	紀
新生代	第四紀 (175万年前)
	第三紀
中生代	白亜紀
	ジュラ紀
	三畳紀
古生代	ペルム紀
	石炭紀
	デボン紀
	シルル紀
	オルドビス紀
	カンブリア紀
先カンブリア時代	

哺乳代

イワヒバ類

胞子段階

現在
氷河あり
ローラシア大陸
ゴンドワナ大陸
ヒマラヤ、アルプス
南極の造山運動
四季のはじまり

1億年前

2億年前 パンゲア大陸

- リンボクはヒカゲノカズラの仲間 (レピドデンドロン)
- スギナの仲間
- リンボク
- カラミテス (ロボク)
- プロトレピドデンドロン
- ヒカゲノカズラ類
- ゾステロフィルム
- リニア
- シュードボルニア
- ヒエニア
- ネオカラミテス
- スフェノフィルム
- カラミテス
- クラドキシロン
- 有節類
- 大葉類
- リニア状植物 → コケ
- 小葉類
- 維管束植物
- 多胞子嚢植物
- 原始陸上植物

オゾン層 → 植物の上陸

緑藻類

ゾステロフィルム

クックソニア (リニア状植物)

トクサ類
ワ カダ